“十四五”国家重点图书出版规划项目
世界兽医经典著作译丛

绵羊寄生虫图谱

[西]费利克斯•瓦尔卡塞•桑乔（Félix Valcárcel Sancho）编著
殷 宏　关贵全　骆学农　主译

中国农业出版社
农村设物出版社
北 京

图书在版编目（CIP）数据

绵羊寄生虫图谱／（西）费利克斯·瓦尔卡塞·桑乔编著；殷宏，关贵全，骆学农主译．—北京：中国农业出版社，2022.10

（世界兽医经典著作译丛）

书名原文：Atlas of ovine parasitology

ISBN 978-7-109-30057-6

Ⅰ．①绵…　Ⅱ．①费…　②殷…　③关…　④骆…　Ⅲ．①绵羊－羊病－寄生虫病－图谱　Ⅳ．①S858.26-64

中国版本图书馆CIP数据核字（2022）第176593号

This book has been published originally in spanish under the title:
Atlas de Parasitología ovina
© 2009 Grupo Asís Biomedia, S.L.
ISBN spanish edition: 978-84-92569-05-2
English edition: Atlas of Ovine Parasitology
© 2013 Grupo Asís Biomedia, S.L.
ISBN: 978-84-92569-03-8

合同登记号：图字01-2018-1210号

中国农业出版社出版
地址：北京市朝阳区麦子店街18号楼
邮编：100125
责任编辑：武旭峰　弓建芳　章　颖
版式设计：杨　婧　　责任校对：吴丽婷　　责任印制：王　宏
印刷：北京缤索印刷有限公司
版次：2022年10月第1版
印次：2022年10月北京第1次印刷
发行：新华书店北京发行所
开本：700mm × 1000mm　1/16
印张：10.25
字数：200千字
定价：98.00元

译者名单

主　译： 殷　宏　关贵全　骆学农

译　者： 殷　宏　关贵全　骆学农　贾万忠

李有全　刘志杰　周东辉

原著作者

Félix Valcárcel Sancho
Doctor of Veterinary Medicine
Coordinator of Parasitic Diseases
Coordinator of Zoonoses and Public Health
Faculty of Health Sciences
University Alfonso X el Sabio

Félix Valcárcel Sancho毕业于马德里康普顿斯大学兽医学专业（1987年），后在莱昂大学获得兽医学博士学位（1992年）。近20年来，他一直从事寄生虫学的研究，主要研究的是胃肠道寄生虫和小反刍动物体表寄生虫，是卡斯蒂利亚-拉曼恰自治区农业局的一名研究员。他是寄生虫学领域许多研究项目的主持者和参与者，在西班牙国内外期刊上发表了大量文章，为该领域做出了重要贡献。值得注意的是，为了给兽医临床医生提供更多的信息，他编撰出版了本专著。目前，他是萨比·阿尔方索大学寄生虫学的教授，继续从事寄生虫、寄生虫病、人兽共患病等的研究工作。

Rojo Vázquez, Francisco Antonio
Doctor of Veterinary Medicine
Professor of Parasitic Diseases
Faculty of Veterinary Science
University of Leon
Deputy Director General of Research and Technology
National Institute of Research
and Agrarian & Food Technology (INIA)
Ministry of Science and Innovation

Olmeda García, Ángeles Sonia
Doctor of Veterinary Medicine
Full Professor at the Department of Animal Health
Faculty of Veterinary Science
Complutense University of Madrid

Arribas Novillo, Begoña
Doctor in Biology
Coordinator of Parasitology
Faculty of Health Sciences
University Alfonso X el Sabio

Márquez Sopeña, Luis
Doctor in Biology
Associate Professor of Parasitology
Faculty of Health Sciences
University Alfonso X el Sabio

Fernández Pato, Nélida
Graduate in Veterinary
Associate Professor of Parasitic Diseases
Faculty of Health Sciences
University Alfonso X el Sabio

译者序

SERVET出版社出版的《绵羊寄生虫图谱》(Atlas of Ovine Parasitology)是由西班牙萨比•阿尔方索大学公共卫生学院寄生虫、寄生虫学和人兽共患病教研室的Felix Valcarcel Sancho教授主编的一部实用且简单的寄生虫鉴别的工具书。

1992年，Sancho教授在西班牙莱昂大学获得博士学位后，回到西班牙，在卡斯蒂利亚-拉曼恰自治区农业局开展研究工作，主要研究寄生虫，研究重点是绵羊、山羊的胃肠道线虫和外寄生虫。工作之初，面对上百个装满虫体的平皿，他和同事们觉得这些虫体都一模一样，鉴定工作无法下手，因此萌发了撰写本书的想法。

本书是基于Sancho教授20多年绵羊寄生虫研究和鉴别工作撰写而成的，书中大量的彩图是精挑细选出来的。内容包括寄生虫的采集，既要在活体动物上采集，也有在尸体剖检中采集，以及对采集样本的正确处理方式，还包括在研究和鉴别时实验室常用的一些规范、规程和技术。图谱包含感染绵羊的原虫、绦虫、吸虫、线虫和节肢动物。每一章的内容都非常系统，首先是分类和命名的综述、生活史，之后是每一种寄生虫的特点，包括寄生部位、大小、形态特征以及鉴定要点。

在开始翻译本书时，我们组织了家畜疫病病原生物学国家重点实验室和甘肃省动物寄生虫病重点实验室长期从事寄生虫学研究的科技人员，成立了翻译小组。翻译小组由殷宏总体负责，分工如下：文前部分由殷宏翻译，诊断技术部分由殷宏、李有全、刘志杰和周东辉翻译，原虫部分由关贵全翻译，吸虫部分由骆学农翻译，绦虫部分由贾万忠翻译，线虫部分由周东辉翻译，节肢动物部分由关贵全翻译，蜱螨部分由殷宏翻译。每位专家完成翻译初稿后，先由关贵全和陈泽二位博士统一校对一遍，最后再由殷宏研究员全面审校一遍，之后提交给出版社。

本书在翻译过程中，得到了中国农业科学院兰州兽医研究所、家畜疫病病原生物学国家重点实验室、甘肃省动物寄生虫病重点实验室领导和专家的大力支持，谨此一并致谢。

鉴于译者的水平有限，肯定存在不少的缺点和错误，敬请读者批评指正。

殷宏博士

甘肃省动物寄生虫病重点实验室主任

国家肉牛牦牛产业技术体系寄生虫病控制岗位科学家

序

为一本书作序也是一件非常荣幸的事，尤其是受朋友之邀去做此事。作序就是首先在读者之前阅读一下这本书所体现的内容。这些读者不论是学生、专业人员还是仅仅感兴趣的旁观者，都会在这本《绵羊寄生虫图谱》中找到兴趣点，因为这是作者多年研究的结果、多年职业精神的体现，是临床实践和实验室检验的完美结合。

本书具有两个目标。第一个也是最为重要的目标，是帮助兽医专业的学生和专业人员了解寄生虫。第二个目标是帮助专业从事寄生虫研究的人员和感兴趣的养殖场兽医顾问诊断寄生虫病，因为这本书是一部非常实用且与实践紧密结合的图谱。

作为一本图谱，作者在选择图片、标注图注及绘制表框时是非常认真和细致的。本书的前言也可以作为一篇短小的寄生虫学教案。在此部分读者可以看到如何采集不同样本的规范说明，既有在活体动物上的采集，也有在尸体剖检中的采集，以及对采集的样本的正确处理方式，还有一些在研究和诊断时实验室常用的一些规范、规程和技术。

本图谱包含感染绵羊的原虫、绦虫、吸虫、线虫和节肢动物。每一章的内容都非常系统，首先是分类和命名的综述、生活史，之后是每一种寄生虫的特点，包括寄生部位、大小、形态特征以及鉴定要点。

最后，我想感谢并祝贺本书的主编、编辑以及主要撰稿人，向他们对科学执着的专业精神致敬。希望本书的顺利出版能够成为本领域系列丛书出版的良好开端。

Francisco Antonio Rojo Vázquez

兽医博士，莱昂大学兽医学院寄生虫学教授，

西班牙科技与创新部国家土地和食品技术研究所副所长。

Elena Peribáñez Blasco

兽医博士，西班牙社会科学和地中海区域基金会副主席，

胡安卡洛斯国王大学（马德里）内联合国教科文组织环境研究会的主席。

前　言

还清晰地记得，几年前在提出编撰《绵羊寄生虫图谱》这本书时，我们是如何开展调查胃肠道线虫感染情况的，在孤独的实验室中，有数百个装满线虫成虫的容器，当时未经训练的时候，看到这些容器内的虫体都一模一样，我们只能使用一本简单的指南一点一点推进工作。随着时间的推移，慢慢积累了一定的经验，借助文献，逐渐认识到不同虫体的差异，理解了文献中的描述，如“轴形”“靴形突出”的含义，使得最初的艰苦任务终于变得有吸引力。

撰写本图谱的目的不是将读者培养为寄生虫鉴定专家，而是使本书成为对寄生虫感兴趣的兽医的实用且简便的工具书，使他们对知识的渴求继续保持不变。在技术高速发展的现代世界，我们依然认为用视觉观察就能解决的显而易见的寄生虫鉴别，完全没有必要借助分子分析。正如寄生虫学的前辈们常说的“尽管有新的诊断技术，但还是有必要数数有几条腿”。我们希望能够帮助更多临床兽医找到一个令人满意的方法，让他们快速查明准确的致病病原。

因此，在第一章中，我们描述了寄生虫诊断最常规的技术，并尽可能根据实验室基本设备开展诊断与研究。在随后的章节中，我们提供了各类寄生虫（原虫、吸虫、昆虫和螨等）的一系列描述，以及不同的属和种的鉴别诊断要点。这些实际描述旨在提供识别一种虫体或将其与类似寄生虫区分所需的必要信息，可能并不是详尽的。

我们试图编撰一部有用的工具书，以期达到利用简单的方法（光学显微镜和常规实验室材料）对寄生虫进行正确的鉴定。虽然本书中并非所有图像都是最好的，但基本覆盖了日常诊断所用到的寄生虫图像。

我们希望，本图谱有助于兽医专业学生的培训，也有助于兽医从业人员和实验室专业人员全面了解绵羊寄生虫。

编　者

目录

第1章 诊断技术

引言

临床上进行一些寄生虫病的推测性诊断时，可通过临床症状观察或实验室诊断完成，通常是采用活检的方式，以成虫为目标，找到寄生虫，观察其不同形态。然而，对亚临床感染的病原学诊断和确认它们在疾病发生中的作用还是未解之题。

在医学和兽医学实践中，对每个生命个体的关爱是至关重要的，但在大多数情况下，对个体的保护是通过保护群体来实现的。已证实这种对群体的研究是非常必要的，表面上看起来几乎一致的一组动物，由于其遗传多样性，它们发病后的临床表现差别很大，而且群体的流行病学研究还可提供单一个体无法提供的信息，如对多个个体不同症状的解读。

从动物生产的角度来看，除个别特殊的情况外，将一个群体作为一个单元进行通盘考虑远比对其中的某一个个体进行考量重要。这种新的方式的具体体现就是在动物还没有出现临床症状时，就将它们作为一个群体对待；如果出现临床症状，那么在无症状时获得的群结果对于找到发病原因或确定病程将大有帮助，因为病程往往不明显或没有观察到就已结束了。

基于以上原因，人们研究出了很多发现和鉴别不同寄生虫的方法。对很多寄生虫而言，在动物肠道中都有其生活史的某个节点。鉴于此，粪便检查是寄生虫诊断中最常用的活体检查方法。检测其他部位（如皮肤和血液中）的寄生虫，需要更特异的方法，甚至需要进行免疫学或遗传学分析。虽然系统的活检具有良好的准确性，可提供动物种群寄生虫的种类及数量，但尸体剖检也是在临床实践和实验室被广泛应用的方法。

无论如何，如果我们在临床实践中获得样品的方法不正确，即使诊断方法再好也没有任何实际意义。基于此，虽然大家都清楚样品的采集、储藏和运送的方法，还是有必要对其中的一些重要方法再次强调一下。

第一，所采集的样品的数量必须能保证完成检测以及必要的重复检测。实验室经常收到量非常少的样品，但是按要求要排除大量的寄生虫的话，这是不太现实的，更不用说进行重复检测。

第二，采样和运送样品的容器必须干净（有时要求无菌）、密封、结实、有足够的存贮容量（有些情况下需放置整个器官或整个尸体）。采用透明容器（如可拧紧的红盖尿样瓶）不需要打开盖子就可观察内置的样品。

第三，避免与采自同一动物的其他部位的样品或同一环境的样品（沙子、玻璃等）之间发生污染，这一点是非常重要的。

第四，样品的好坏依赖多种因素，然而，在实践中应尽可能选择在实验室正式处理前对样品不再搅动的采集和运送方法。

第五，另一个需要考虑的重点是如何正确鉴定样品。应使用清晰和全面的标记（样品、来源动物、日期、任何所使用的保护剂，等等），同时应使用防水的记号笔书写。这在大量的样品需同时处理或样品无法在短期内处理时尤其重要。

第六，一般而言，样品应在采集的当天就进行处理，这样就可以避免使用保护剂。在实践中，这样的要求有时无法完成，例如样品在到达实验室时就已经是采集后好几天了，在此种情况下，就必须保证样品能以最佳的状态送达实验室。一些样品，如血清，可以冷冻，但这也很难做到。不过，大多数样品是可以冷藏的，但应在运送前保证样品的中心部位的温度已下降到比较低的程度，而不是简单地将其装入聚苯乙烯冷冻盒子。为此，可使用能插入车辆点烟器的移动冰箱，保证箱内温度比环境温度低10℃。另外，还需要提醒大家的是，有些样品，如血液涂片，需要在采集后立即固定，以避免寄生虫分解。

在以下的章节中将重点讨论采集不同的样品时应注意的事项。

■ 粪便样品

尽可能在直肠直接采集粪便（这对大家畜是比较容易的，戴检测专用手套即可完成），如图1-1所示，随后直接放入采样瓶，或将手套翻转，将样品包入其中。对小动物，可等待其排便后，借助刮刀收集样品，但应注意剔除与地板接触的部分，防止污染（图1-2）。

图1-1 应尽可能在直肠直接采集粪便

图1-2　如果粪便样品采集自地面，应慎重分析结果

粪便应避免和尿液混合，不然会破坏一些寄生虫的滋养体。

在一个群中，采集的粪便样品的数量应有代表性。如有可能，应采集2d或3d的粪样品，或一天之内不同时间段的样品。

腹泻的粪便样品应立即进行分析（图1-3）。如果是软便或硬便，可酌情推迟一段时间进行分析。已风干的粪便不适宜检测。

如用肉眼即可观察到的寄生虫（线虫成虫、绦虫节片），应将其保存于70%乙醇中。

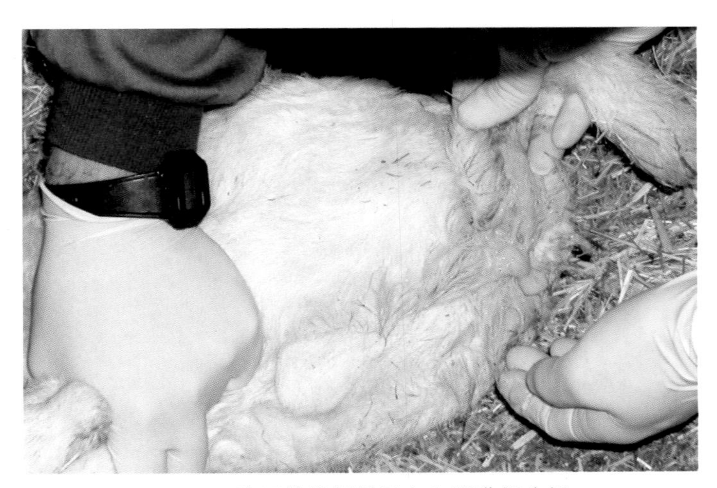

图1-3　腹泻的粪便样品应立即进行分析

■ 血液样品

采集血液样品的容器应保证在抽取、运输之后不能影响后续的分离、正确的鉴定等工作。在抽取和处理血液时应尽可能避免红细胞溶解（图1-4）。例如，缓慢抽取血液，如采用注射器采样，应将针头卸下后，将血液样品轻柔地注入采样管中；或使用真空管采样，以保证管内负压。同样，如使用抗凝剂，应轻轻颠倒采样管数次，避免对红细胞造成创伤。

血涂片应在抽取血液后立即制备（图1-5），之后空气干燥、纯甲醇固定。固定好的血涂片可在送达实验室后再进行染色。

图1-4　在抽取和处理血液时应尽可能避免红细胞溶解

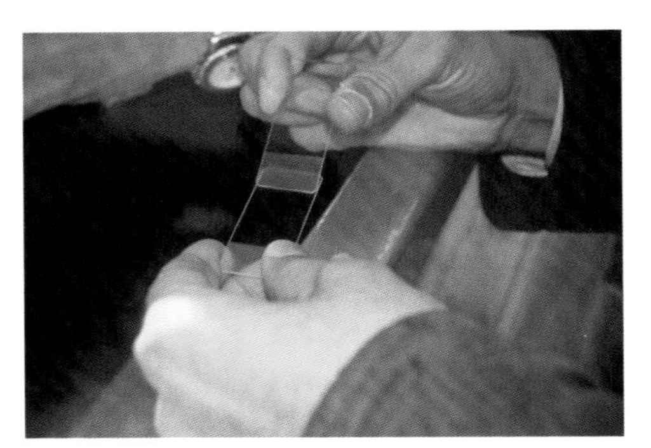

图1-5　血涂片应在抽取血液后立即制备

保证样品在进行分析之前处于冷藏状态。

为获取血清，可将未加抗凝剂的血液样品离心或置于室温条件下（不是冷藏）24h使其凝结，血清自然析出（图1-6）。

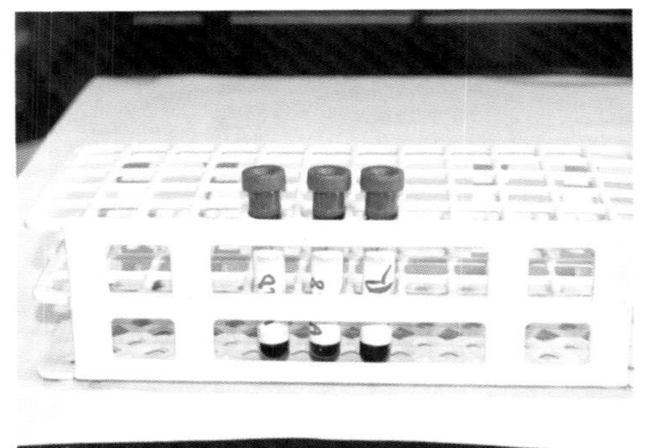

图1-6　可通过静置或离心的方式获得血清

■ 皮肤样品

大型的外寄生虫可直接采集，如有可能，收藏在透明采样管中（图1-7）。

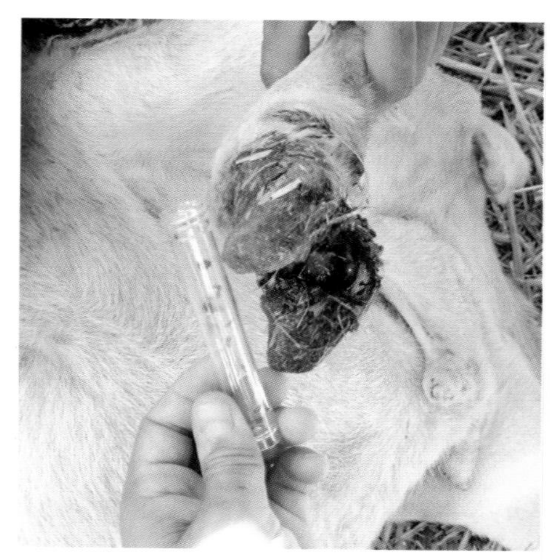

图1-7 大型的外寄生虫，如蜱或蝇的幼虫可直接采集并保存于适宜的采样管中

对于小型的外寄生虫，可采用刮取皮肤的方式（图1-8），将刮取物置于平皿或密封的小罐中。

在一些诊断技术中（如消化）或制备组织切片，需要采集活检样品或组织样品，可直接采集一小块皮肤，冷冻保存后送至实验室进行检测。

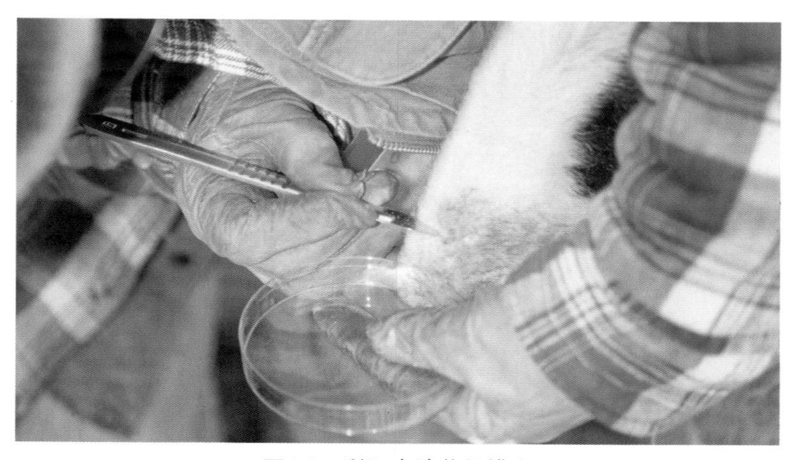

图1-8 刮取皮肤获得螨虫

■ 内脏样品

在病理剖检时，打开体腔后应首先进行外观检查，查找不同发育阶段的寄生虫（如中绦期绦虫）或可见的病灶。

如样品需要马上检验，应在冷藏条件下送到实验室。采样容器应能密封并有足够大的空间。

如样品不能立即进行分析，为防止样品腐败，应将其保存于甘油中，或用10%的甲醛溶液或70%的酒精固定。

■ 环境中采集的样品

寻找环境中的自由生活阶段的寄生虫也是非常有用的技术，如草原上胃肠道线虫的感染性幼虫、草地上的蜱等（图1-9）。

图1-9　利用布旗法获得地面或草地上的蜱

简言之，不论是在实验室工作还是独立工作，掌握寄生虫诊断中的一些关键知识，对于做出正确的诊断非常重要。

（1）没有可用于所有寄生虫诊断的通用方法。

（2）如果不能对具体的样品采用适宜的方法，那么做出错误诊断结果的可能性非常大。

（3）如果发现有大量虫体（如粪便中的卵和幼虫）寄生，可以确认动物感染寄生虫病。然而，没发现寄生虫或寄生的数量较少时，并不能确认动物没有患病，其原因如下：

- 粪便中排出的虫卵、幼虫等的数量随着每天时间段的不同而不同。
- 粪便中排出的虫卵、幼虫等在粪样品中的分布不均匀。
- 未发育成熟的寄生虫不排虫卵，因此无法检出它们是否存在，而且在多数情况下，未成熟的虫体比成虫的致病性更强。
- 宿主的天然抗性（因遗传背景而异）可减少或抑制寄生虫产卵或推迟其潜伏期。大量的虫体或产卵并不代表寄生虫和宿主之间的平衡被破坏，且是有利于寄生虫的；也不意味着动物体质变弱或失去防御能力，也不能说明寄生虫的危害非常严重。

- 粪样品中的许多虫卵是无法区分的，这就意味着虫卵计数的结果是不同种类寄生虫虫卵的总和（如每克粪便中的圆线虫虫卵数），而不同的种类在致病性和繁殖能力方面的差别是很大的。

基于以上原因，建议在做出诊断结果之前，制定一个全面的诊断程序，首先从回顾性调查及个体/群体的研究开始（包括表现临床症状的动物和表面健康的动物），以保证能获得足够的信息。应了解在采样之前，动物是否采用抗寄生虫药物进行过治疗，这样就可确定在某一具体的情况下采用那种措施或方法。一旦检测方法确定并付诸实施，应与回顾性调查、流行病学调查以及个体和种群研究的结果结合起来，得出综合的判定结果。不然，可能会仅仅得出一个对于特定的样品中是否存在寄生虫的结果。

活体采样

粪样品分析

由于寄生虫粪样学的研究进展，人们得以在粪样品中发现和鉴定出大量的寄生虫，如胃肠道蠕虫的完整成虫（因自然原因死亡或在经过寄生虫药物治疗后排出），寄生虫的部分片段（如从成虫体脱落的一些绦虫的孕卵节片，其内部充满卵），一些原虫的滋养体等无性繁殖阶段（通常发生于严重腹泻），还可在环境中发现一些处于传播阶段或有抵抗力的寄生虫不同发育阶段，如卵囊、包囊、卵、胚胎或幼虫等。

粪便虫卵计数法（FEC）是寄生虫诊断中使用最普遍的方法。该方法可以预测动物体中的荷虫量，标准的表示方法是克粪便虫卵数（EPG）。然而，因受多种因素的影响，如粪便中水分的含量等，该方法很难得到非常正确的数据。因此，在对虫卵计数进行转化或解读时，常常以每日的粪便排出量为基础，对其进行多因子校正（图1-10）。

粪便性状	因子
粪块	1.0
软粪块	1.5
软粪便	2.0
极软粪便	2.5
稀便	(3.0 ~ 3.5)

图1-10　一些实验室使用的因子

以上因子是依据不同黏稠度（图1-11）和形状的粪便中干物质的量而确定的。每日的粪便排出量因摄食量不同而异，也会影响虫卵计数。如果绵羊患有便秘或没有正常采食（在夏天常见），需要考虑0.5的校正因子。禁食也会使排便量减少，克粪便虫卵数增加。如果绵羊离开草场5 ～ 6h，克粪便虫卵数的增加将会相当明显。禁食12 ～ 24h后，克粪便虫卵数增加可达100%，且在1 ～ 2d内也恢复不到禁食前的水平。

图1-11　粪便的黏稠度

A.粪块　B.软粪块　C.软粪便　D.极软粪便　E.稀便

在使用漂浮法计算寄生虫的数量时，麦克马斯特计数板是非常好的工具。它由两块载玻片构成，中间有两个小的计数室，每个可注入0.5mL的粪便混悬物，总量为1mL。上边的玻片在计数室的上方刻有小格，使得每次可检测0.15mL液体的量。麦克马斯特计数板优点是每次可检查的粪便的数量较大，最多达1mL，其缺点是要求操作人员有良好的注入技术，另外，因为放大倍数只有100倍（目镜10倍×物镜10倍），还要求操作人员具有熟练的鉴定虫卵的能力（图1-12至图1-14）。

图1-12　麦克马斯特计数的主要设备

图1-13 麦克马斯特计数板

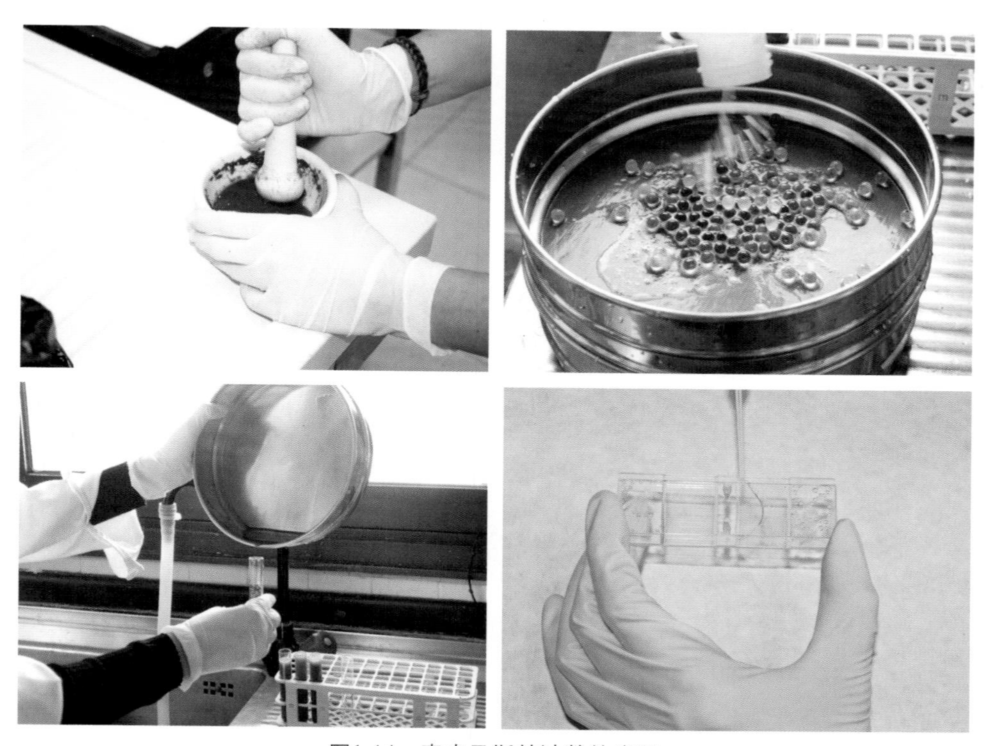

图1-14 麦克马斯特计数的流程

大体检查

主要包括检查粪便的感官特征：颜色，黏稠度，是否有潜血、黏膜、纤维素等。

程序：

在平皿中用水制备粪便悬浮液，在光线照射下或在暗背景下观察。

本方法适合检查线虫的成虫和/或绦虫的孕卵节片，由于这些虫体不是正常排出，因此不能用来判定动物体的荷虫量。

显微检查

直接法

用显微镜直接检查小量的样品，不需要任何处理。偶尔也使用一些染色方法，如含有乙酸盐的甲基蓝缓冲液或卢戈氏（Lugol's）碘液,可使寄生虫更加明亮，有别于其他杂质。

程序：

（1）取小量的新鲜（没有进行过冷藏）粪样，置载玻片，加几滴水后混合。

（2）除去大块的颗粒，加盖玻片于其上。

（3）使用光学显微镜检查。

由于使用的样品量很少，本方法只适合粪便中排出有大量寄生虫的情况（敏感性低）。

间接法

本方法的目标是将一定量的样品中的寄生虫或虫卵进行浓缩（富集），以提高检测的敏感性（图1-15）。在检查羔羊的隐孢子虫病时，常使用两种染色方法：海氏负染技术（the negative staining techniques of Heine，图1-16）和萋-尼氏染色法（Ziehl-Neelsen technique）。对于其他寄生虫，一般使用以下技术。

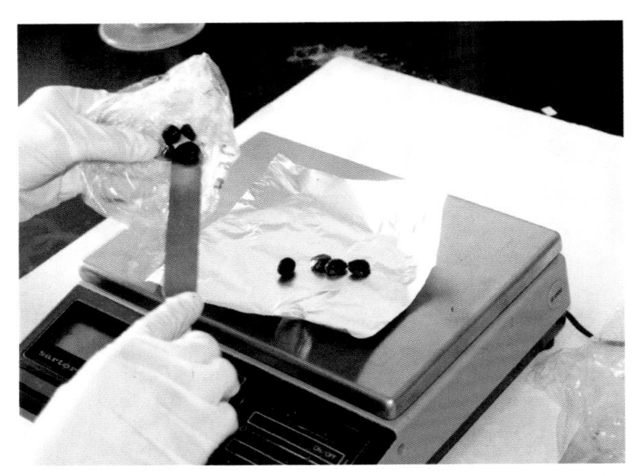

图1-15　在进行检查前，应对样品进行称量，以提高结果的准确性，降低每克粪便中寄生物数量的误差

漂浮法：使用相对密度大于1的液体对粪样进行漂浮，由于虫体的相对密度小于1，虫体富集于液体的表面，可将虫体与杂质分开，有利于观察虫体（图1-17）。

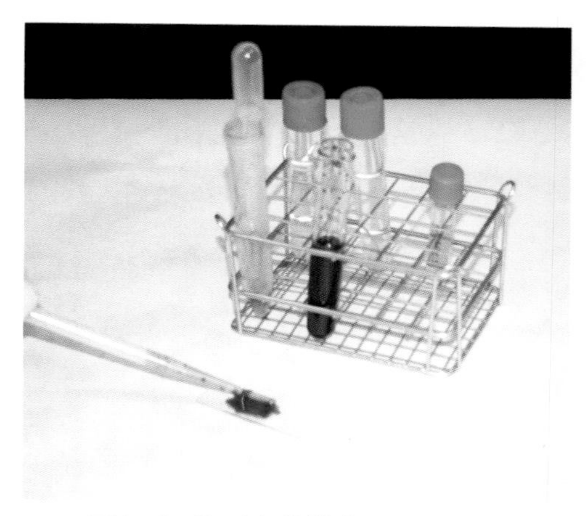

图1-16 海氏负染技术所需的设备

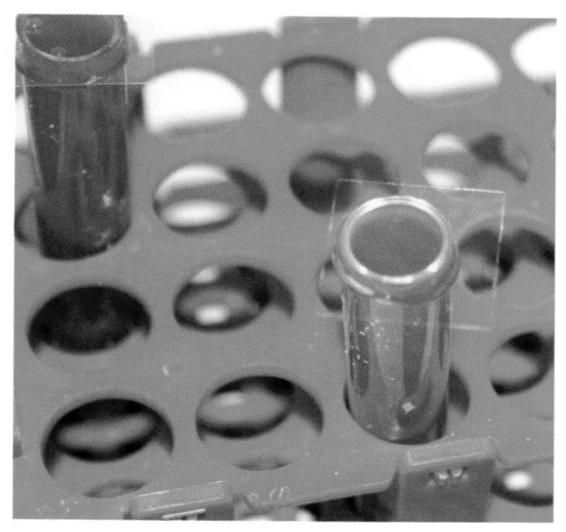

图1-17 简单漂浮法

沉淀法：用水将粪样制成混悬液，静置，寄生虫将沉淀于容器的底部。该方法和漂浮法互补使用，可以检查密度较高的虫卵和一些吸虫。最广泛使用的是“广口瓶”沉淀法，对于少量的样品，也可使用离心沉淀法（图1-18）。

图1-18 广口瓶沉淀法

幼虫逸出法：主要用于检查粪便中是否含有幼虫。原理是幼虫具有亲水的特性，将样品放入水中时幼虫会离开粪便而进入水里。由于幼虫离开粪便并进入容器的底部，可以用沉淀法进行富集。最常用的幼虫逸出法是贝尔曼试验（图1-19）。

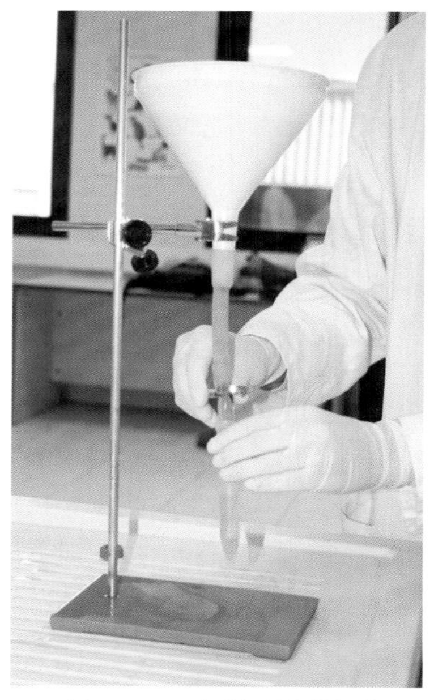

图1-19　贝尔曼试验的设备

程序

海氏负染技术（图1-20）

①在干净载玻片上放置少量的腹泻粪样。

②加入1滴未稀释的石碳酸品红溶液，将混合液涂开。

③空气干燥，加1滴液浸检查油，盖上盖玻片。

④400×放大条件下检查。

改良的萋-尼氏染色法（图1-21）

①制备一张腹泻粪样的涂片，空气干燥。

②在纯甲醇中固定5min。

③空气干燥。

④在品红液中染色20s，用水漂洗。

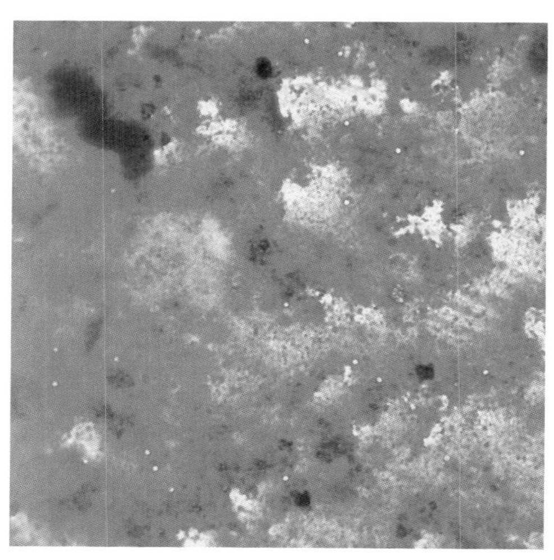

图1-20　海氏负染技术染色。小隐孢子虫为圆形或环状结构，与品红的红色背景对比明显

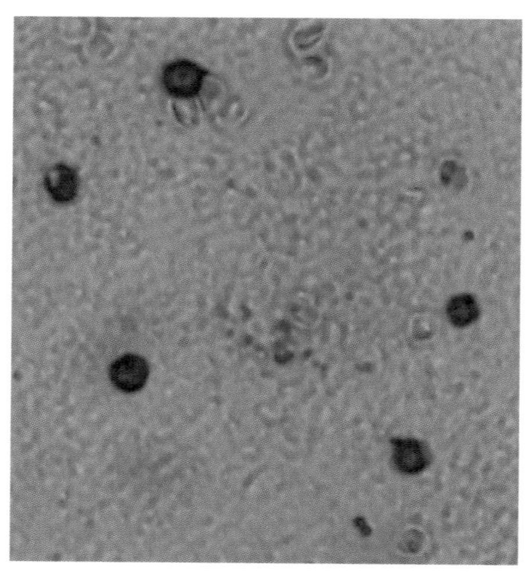

图1-21　萋-尼氏染色法染色。在蓝绿色的背景下，小隐孢子虫为红色（品红染色）的圆形或环状结构，有时候颜色不均一

⑤在2%的硫酸中脱色20s，用水漂洗。

⑥在孔雀石绿液中染色5min，用水漂洗。

⑦加入液浸检查油，上置盖玻片，400×放大条件下检查。

简单漂浮法

①用盐溶液（通常为氯化钠）稀释粪样。

②除去大的颗粒。

③将剩余的混合物静置1min。

④在液体表面加一张盖玻片。

⑤45min后，按垂直方向迅速拿开盖玻片，避免寄生虫卵从盖玻片脱落，放置于载玻片，在光学显微镜下观察。

改良的麦克马斯特计数法

该方法是使用最广泛的漂浮法，所用的溶液为饱和盐水。该方法可用于富集和鉴别粪样中的卵囊、线虫卵和绦虫节片。

①称取3～4.5g粪样（小型、大型食草动物）。

②使用研钵将其磨碎，或在采样管中用玻璃珠研碎，加入40.5～42mL水，猛烈震荡。

③用滤网（400～500μm和150～160μm）或两层纱布过滤。

④收集过滤液，混悬均质后加入10mL的试管。

⑤1 500r/min离心3min。

⑥倾去上清液，摇晃旋起沉淀，加饱和盐水至10mL。

⑦颠倒试管数次，使内容物充分混匀，用巴氏吸管将混悬液注入麦克马斯特计数板。

⑧将显微镜的焦距与计数板的上侧对准，使计数板的网格线能够清晰可见，统计每个计数室内寄生物的数量。如果数量较大，可统计一个小格，再乘以小格的总数。

每个计数室的容积＝0.5mL（两个计数室合计1mL）

每个计数格的容积＝0.15mL（两个计数格合计0.3mL）

粪便样品中荷虫量的计算（每克粪便中富集的卵囊或虫卵的量，简称为OPG或EPG）：

麦克马斯特计数板专门用于计算粪便中的卵囊或虫卵数，尤其适用于漂浮法。在实际操作中，为提高准确性，可将两个计数室全部统计。

如果只统计计数室的两个小格（0.3mL），总数的计算公式如下：

两个小格中寄生物（卵囊或虫卵）的数量（A）：0.3mL

寄生物（卵囊或虫卵）的总数量（T）：45mL（3g+42mL）

$$T=\frac{45\times A}{0.3}=A\times 150$$

$$OPG\text{或}EPG=\frac{T}{3}=\frac{A\times 150}{3}=A\times 50$$

如果对两个计数室（1mL）都进行了统计，则计算公式如下：

寄生物（卵囊或虫卵）的数量（A）：1mL

寄生物（卵囊或虫卵）的总数量（T）：45mL（3g+42mL）

$$T=\frac{45\times A}{1}=A\times 45$$

$$OPG\text{或}EPG=\frac{T}{3}=\frac{A\times 45}{3}=A\times 15$$

绵羊寄生虫诊断中常用的液体见表1-1。

表1-1　绵羊寄生虫诊断中常用的液体

溶液	浓度（相对密度）	描述
氯化钠溶液	饱和溶液（1.18）	适用于艾美耳球虫的卵囊，大多数线虫的卵和幼虫，一些绦虫的卵 无法漂浮一些大的线虫卵、吸虫卵以及肺线虫的幼虫
硫酸锌溶液	33%（1.18）	适用于肝片吸虫 缺点是容易造成虫卵迅速变形，因此应尽快完成计数，或者对处理后的样品多次冲洗，以便脱水的虫卵恢复本来形状和大小
碘汞酸钾溶液	（1.20）	价额昂贵，对样品和设备都造成损害 可漂浮所有的虫卵
硫酸镁溶液	35%（1.28）	适用于艾美耳球虫的卵囊，大多数线虫的卵和幼虫，一些绦虫的卵 也可漂浮一些大的线虫卵、吸虫卵以及肺线虫的幼虫

当溶液相对密度大于1.3时，可漂浮起所有的虫卵或卵囊，但缺点是粪便中的大量颗粒也被漂浮起来，给观察增加难度。如果不能及时的观察，寄生物会变形，无法鉴定。一些液体（碘汞酸钾溶液）对设备有很强的腐蚀作用。

广口瓶沉淀法

该方法用于鉴定密度较高的寄生物（虫卵、卵囊等）。

①称取10g粪样。

②加水后，使用研钵将其磨碎，或在采样管中用玻璃珠研碎。

③用滤网（400 ~ 500μm和150 ~ 160μm）或两层纱布过滤。

④收集过滤液，加入小广口瓶中，加水至500mL或1 000mL的刻度处。

⑤静置20min，除去上清，加水至500mL或1 000mL的刻度处。

⑥反复洗涤4 ~ 5次，直至上清完全清亮。

⑦ 1 500r/min离心3min。

⑧倾去上清液，只留下50mL的沉淀。

⑨使沉淀充分混匀，用巴氏吸管将混悬液注入麦克马斯特计数板。

⑩将显微镜的焦距与计数板的底侧对准，统计每个计数室内寄生物的数量。

粪便样品中荷虫量的计算（每克粪便中富集的虫卵的量，简称为EPG）：

由于在计数时是以麦克马斯特计数板的底侧为准的，因此可以计算出1mL溶液中的所有寄生物（虫卵或卵囊的）总量。考虑到检测的50mL溶液来自10g样品，总数的计算公式如下：

寄生物（卵囊或虫卵）的数量（A）：1mL

寄生物（卵囊或虫卵）的总数量（T）：50mL

$$T = \frac{50 \times A}{1} = A \times 50$$

寄生物的总量（T）：10g

每克粪便中的虫卵数（EPG）：1g

$$EPG = \frac{A \times 50}{10} = A \times 5$$

一些寄生虫，如细颈线虫、片形吸虫、歧腔吸虫、莫尼茨绦虫或毛首线虫的虫卵在漂浮液中很容易鉴别。然而，大量的圆线虫虫卵非常相似，鉴定比较困难，建议对这些虫卵进行孵化，待发育至较容易鉴别的感染性幼虫（三期幼虫）后再鉴定。

■ 小反刍动物粪便中主要寄生虫的特征

小反刍动物粪便中主要寄生虫的特征见表1-2。

表1-2 小反刍动物粪便中主要寄生虫的特征

属		大小	特征
原虫	贾第虫（*Giardia*）	14μm × 8μm	繁殖体（滋养体）
	隐孢子虫（*Cryptosporidum*）	5 ~ 7μm	卵囊呈球形，较小，需要通过染色进行观察
	艾美耳球虫（*Eimeria*）	17 ~ 56μm	卵囊呈卵圆形或球形，有折光性，内部含一个有卵孔的球形受精卵。孢子化卵囊含有4个孢子囊，每个孢子囊含2个子孢子

（续）

	属	大小	特征
线虫	毛圆线虫属（*Trichostrongylus*）	（79 ~ 118）μm ×（31 ~ 56）μm	椭圆形，两端稍不规则，壳薄且分离
	奥斯特线虫属（*Ostertagia*）/背带线虫属（*Teladosagia*）	（80 ~ 103）μm ×（40 ~ 56）μm	椭圆形或椭球形，不宽，有许多小卵裂球桑葚胚
	血矛线虫属（*Haemonchus*）	（70 ~ 85）μm ×（41 ~ 48）μm	呈两端不对称的椭圆形，含16 ~ 32个胚细胞
	古柏线虫属（*Cooperia*）	（70 ~ 83）μm ×（32 ~ 36）μm	两端对称圆形，卵壁平行，内含16 ~ 32个胚细胞
	仰口线虫属（*Bunostomum*）	（79 ~ 97）μm ×（47 ~ 57）μm	椭圆形，两端近圆形，少于16个胚细胞，呈暗色颗粒
	夏伯特线虫属（*Charbertia*）	（83 ~ 105）μm ×（47 ~ 59）μm	椭圆形或椭球形，较宽，两端稍扁平，含16 ~ 32个桑葚胚
	食道口线虫属（*Oesophagostomum*）	（70 ~ 76）μm ×（36 ~ 40）μm	椭圆形，壳薄，较宽，两端相似，含8 ~ 16个大细胞
	细颈线虫属（*Nematodirus*）	（150 ~ 230）μm ×（67 ~ 110）μm	虫卵较大，呈椭圆形，卵内的胚胎分成4 ~ 8个桑葚胚，卵壁之间有一个大的液体填充空间
	马歇尔线虫属（*Marshallagia*）	（160 ~ 200）μm ×（75 ~ 100）μm	虫卵较大，卵壁呈两边平行，末端圆形。内部有16 ~ 32个卵裂球的桑葚胚
	类圆线虫属（*Strongyloides*）	（45 ~ 65）μm × 25μm	虫卵和圆线目虫卵相似，但略小，两端扁平，内部有形成的幼虫
	斯克里亚宾线虫属（*Skryabinema*）	（54 ~ 63）μm ×（30 ~ 34）μm	不对称，两端尖细、略圆，浅灰色，几乎是半透明的，内部的胚胎可见，壳较厚
	毛尾线虫属（*Trichuris*）	（70 ~ 80）μm ×（25 ~ 40）μm	虫卵呈典型的柠檬状，两端有两个清晰的棕色折光塞头
	毛细线虫属（*Capillaria*）	（40 ~ 50）μm ×（22 ~ 25）μm	虫卵形态和鞭虫属相似，但略小，两端无塞头，卵壁几乎平行，两极更扁平
绦虫	贝氏莫尼茨绦虫（*Moniezia benedeni*）	80 ~ 90μm	虫卵中等大小，呈四边形，有一个厚的折光囊，内含有一六钩蚴，周围被梨形器包裹
	扩展莫尼茨绦虫（*Moniezia expansa*）	50 ~ 60μm	与贝氏莫尼茨绦虫类似，但形状呈三角形

（续）

	属	大小	特征
绦虫	无卵黄腺绦虫属（*Avitellina*）	45μm × 20μm	虫卵无梨形器
	曲子宫绦虫属（*Thysaniezia*）	25μm	虫卵无梨形器
	斯泰勒绦虫属（*Stilesia*）	25μm	虫卵无梨形器
吸虫	前后盘吸虫属（*Paramphistomum*）	（125 ~ 180）μm×（75 ~ 103）μm	非常大的椭圆形虫卵（比片形属稍大），有一个透明的卵盖。内容物（卵黄细胞）呈灰色，充满整个虫卵
	片形吸虫属（*Fasciola*）	（130 ~ 150）μm×（70 ~ 90）μm	非常大且有一个透明卵盖的椭圆形虫卵，内容物（卵黄细胞）呈淡黄色，充满整个虫卵
	歧腔吸虫属（*Dcrocoelium*）	（38 ~ 45）μm×（22 ~ 30）μm	不对称的椭圆形虫卵，褐色卵盖不明显。虫卵一端可看到有两个较暗的胚块，横向排列
	血吸虫属（*Schistosoma*）	（132 ~ 247）μm×（38 ~ 60）μm	虫卵呈纺锤形，一端尖细，但最小的虫卵呈卵圆形

注：*不同属的寄生虫虫卵形态非常相似，它们中等大小、浅灰色，呈略微的细长形或椭圆形，内含有清晰可见的胚胎（充满整个虫卵或仅在中央位置）。

绵羊粪样检查发现的寄生虫主要寄生形式见图1-22。

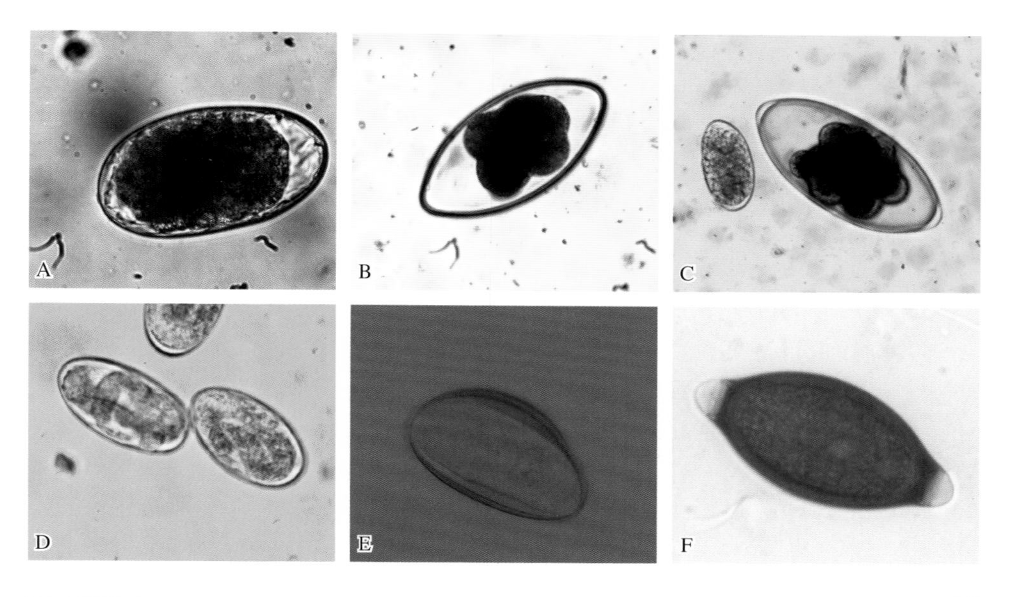

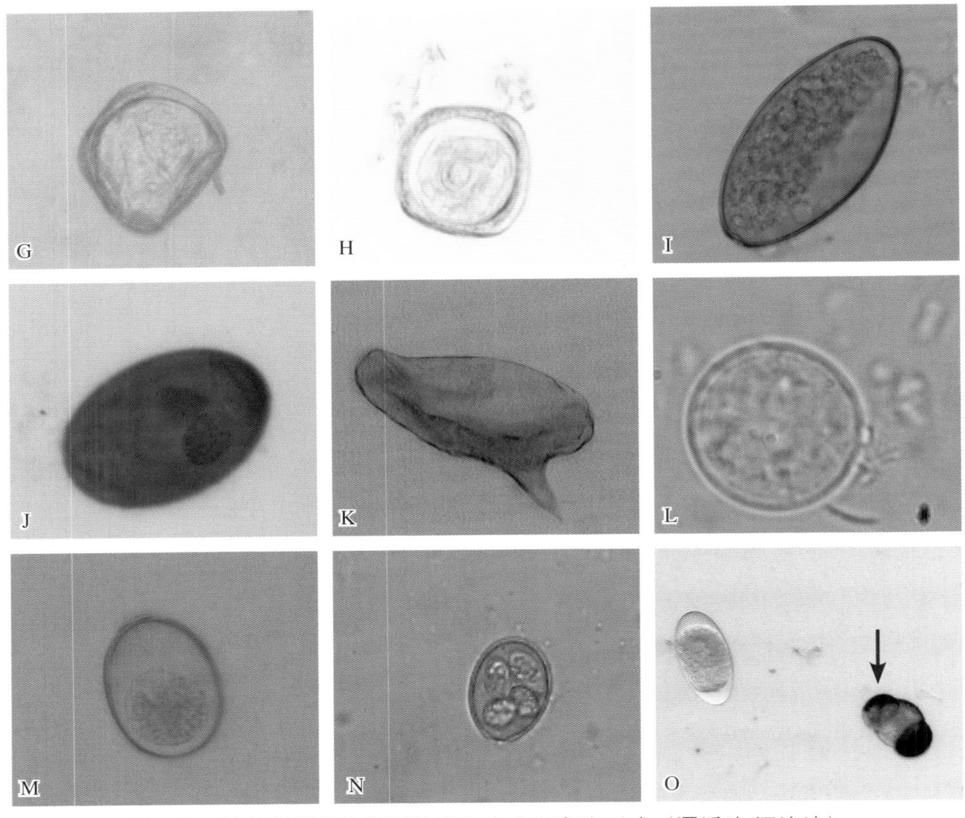

图1-22　绵羊粪样检查发现的寄生虫主要寄生形式（漂浮法/沉淀法）
A.胃肠道圆线虫目虫卵　B.细颈线虫虫卵　C.细颈线虫虫卵和胃肠道圆线虫目虫卵
D.类圆线虫虫卵　E.斯克里亚宾线虫虫卵　F.毛尾线虫虫卵
G.莫尼茨绦虫虫卵　H.莫尼茨绦虫虫卵（膨胀的）　I.片形吸虫虫卵
J.歧腔吸虫虫卵　K.血吸虫虫卵　L.隐孢子虫卵囊
M.艾美耳球虫未孢子化卵囊　N.艾美耳球虫孢子化卵囊　O.人为导致的物质

■ 粪便培养技术

粪便培养的目的是为了能够鉴别圆线虫目寄生虫的属和种，这是因为如前所述，圆线虫目寄生虫虫卵的形态非常相似（除了细颈线虫属）。为此，要为虫卵提供从虫卵期发育到第三期幼虫所需的条件，然后通过贝尔曼氏法收集幼虫，进一步通过观察幼虫的尾长、肠细胞数量或幼虫大小等特征将这些寄生虫从形态学上区分开来（表1-3，图1-23、图1-24）。

表1-3　羊消化道线虫幼虫的分类标准

后端（P.E.）	体长（T.L.）
短（小于40μm）	非常大（大于1 000μm）
中等（40 ~ 110μm）	大（700 ~ 820μm）
长（大于110μm）	中等（640 ~ 700μm）
	小（600 ~ 640μm）
	非常小（小于600μm）

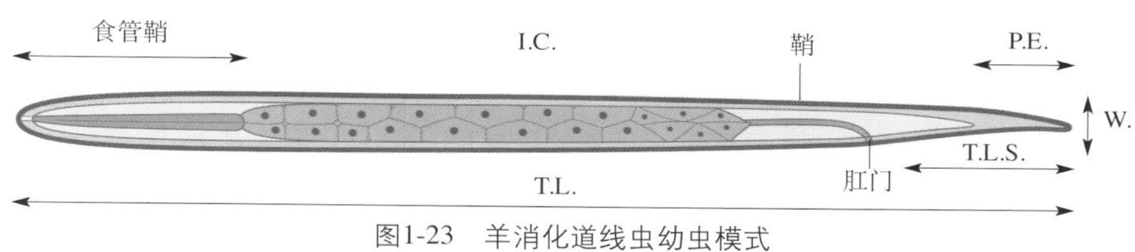

图1-23　羊消化道线虫幼虫模式

T.L.＝体长　I.C.＝肠细胞（数目、大小和形状是鉴别诊断的重要依据）
T.L.S.＝尾鞘长　P.E.＝后端　W.＝体宽

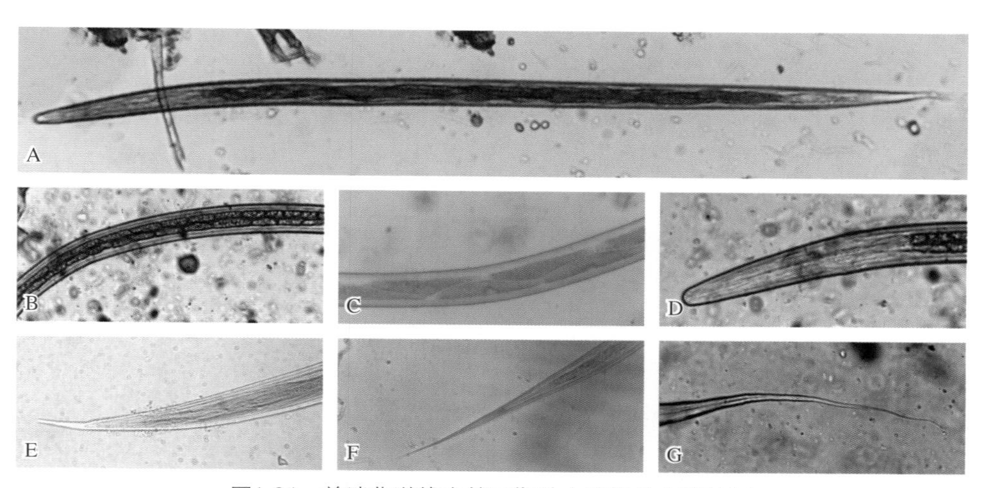

图1-24　羊消化道线虫第三期幼虫鉴别的主要特征

A.第三期幼虫　B.肠细胞　C.肠细胞　D.食管
E.后端较短　F.后端中等长度　G.后端较长

（1）取50 ～ 100g粪便，用研钵和研棒将其磨碎。

（2）依据粪便的稠度，用喷雾的方式使其变得湿润或加入海泡石等吸附剂。

（3）将粪便混合物放在温箱中，在22 ～ 25℃维持7 ～ 10d，或者在室温放置20 ～ 30d（如果在显微镜下可观察到细颈线虫属虫卵，放置15d即可）。

（4）每48h搅拌混匀一次以保持充足的氧分，如果需要，可使其湿润。

（5）应用贝尔曼氏法收集发育形成的第三期幼虫。

（6）在显微镜下观察并根据三期幼虫的形态进行鉴别。

（7）加几滴卢戈氏碘液对幼虫进行固定。

主要羊消化道线虫幼虫的鉴别重点

■ 幼虫无鞘：类圆线虫属。食管清晰可见，大约可达到幼虫虫体中部。

■ 幼虫有鞘

□ 有鞘且后端短的幼虫

- 大的幼虫（体长797 ～ 959μm，体宽24μm），后端呈尖锥状，含有16个三角形的肠细胞，幼虫尾部呈圆形，头部扁平。奥斯特线虫属和背带线虫属。
- 小的幼虫（体长619 ～ 796μm，体宽20μm），后端呈尖锥状，含有16个肠细胞。毛圆线虫属。

□ 有鞘且末端中等长度的幼虫

- 大的幼虫（体长700 ～ 977μm，体宽25μm），末端呈针状，含有16个五边形的肠细胞，在口囊的边缘有2个折射小体。古柏线虫属。
- 中等大小的幼虫（体长650 ～ 825μm，体宽24μm），后端呈尖状，有时有折叠的形态特征。含有16个肠细胞，在肠道的起始部位呈五边形，末端呈长方形，有2个终端细胞，但无折射小体。血矛线虫属。

□ 有鞘且末端较长的幼虫

- 非常大的幼虫（体长933 ～ 1 160μm，体宽25μm），含有8个三角形的肠细胞，幼虫尾部的背侧或末端延伸部分有一个压痕。细颈线虫属。
- 大的幼虫（体长756 ～ 915μm，体宽25μm），含有32个三角形的肠细胞，食管清晰可见。食道口线虫属。
- 中等大小的幼虫（体长710 ～ 789μm，体宽24μm），末端尖形或圆锥形，含有32个肠细胞和一个清晰可见的食管。夏伯特线虫属。

- 小的幼虫（体长450 ~ 850μm，体宽20μm），含有16个不能确定形态的肠细胞，食管是由一个难以辨认的前部和一个呈漏斗状扩张的、有较强折光性的后部组成。仰口线虫属。

操作方法

贝尔曼氏法（幼虫移行）

该方法是充分利用幼虫自身的亲水性趋势，获得羊粪便中的幼虫。贝尔曼氏法是最常用的幼虫分离方法。

（1）称量10 ~ 20g粪便。

（2）将粪便轻轻捣碎，用双层纱布包裹起来，在末端打结，呈密闭的小包。

（3）将粪包放在分离装置上（在塑料漏斗的末端连接一个橡胶管，用夹子夹住）。

（4）加水至粪便被淹没为止。

（5）加几滴肥皂液至水中（破坏表面张力，防止幼虫粘到水面）。

（6）在室温放置6 ~ 8h（由于幼虫亲水性的作用，它们会从粪便的水中慢慢移行并下沉。

（7）从橡皮管末端收集10mL液体，放在一个试验管中。

（8）混合试验管中的沉淀物，用滴管取1mL加至麦克马斯特计数板中，观察计数池中沉于底部的幼虫并计数。

粪便样品中寄生虫数量的计算（每克粪便中幼虫的数量，LPG）：

粪便样品中的寄生虫数量（A）：1mL

粪便样品中的寄生虫总数量（T）：10mL

$$T=\frac{10\times A}{1}=A\times 10$$

T：20g　　　　LPG：1g

$$\text{每克粪便中寄生虫数量}（LPG）=\frac{A\times 10}{20}=A/2$$

肺线虫的第一期幼虫可以直接在粪便中检查到，可通过贝尔曼氏法获得幼虫对其进行鉴定，用载玻片和盖玻片进行计数。简单的分类方法是将它们按照大小区分开来，如网尾线虫或原圆科的线虫）。原圆科的线虫有的在虫体的尾端有刺（缪勒线虫属和囊尾线虫属），有的没有刺（如新圆线虫属和原圆线虫属），这些特征可以很容易地将它们进行鉴定（表1-4）。

表1-4　羊肺线虫第一期幼虫特征描述

种类	大小	特征
丝状网尾线虫 (*Dyctiocaulus filaria*)	550 ~ 580μm	比原圆科的线虫更大的幼虫，前端具角质突起（头部似纽扣状），钝尾
柯氏原圆线虫 (*Protostrongylus rufescens*)	300 ~ 400μm	尖尾，无刺或无起伏
带鞘囊尾线虫 (*Cystocaulus ocreatus*)	360 ~ 480μm	尾弯曲，尾端尖，由一个基部、一个位于末端中间的角质脊组成，脊背部偏向一侧
毛样缪勒线虫 (*Muellerius capillaris*)	290 ~ 320μm	尾平滑弯曲，末端为波浪起伏针状，有背棘
线形新圆线虫 (*Neostrongylus linearis*)	290 ~ 320μm	尾部远端笔直，成长矛的形状，基部可看到有小的背棘

和圆线虫虫卵一样，羊艾美耳属球虫不同种类的卵囊鉴定是很困难的，尤其是刚刚从动物体内排出的卵囊。因此，要对艾美耳属球虫不同种类进行鉴定，必须对其进行孢子化。

卵囊孢子化的方法

该方法需要最新排出的卵囊（难以区分种类），在合适的条件下使它们发育成感染性阶段：孢子化卵囊。孢子化的艾美耳属球虫卵囊是典型的“4×2”形态结构（每个孢子化卵囊里面含4个孢子囊，每个孢子囊里面有2个子孢子），借助于它们的形态特征，有经验的人员可以将虫种区分开（表1-5，图1-25至图1-27）。

表1-5　主要羊艾美耳属球虫卵囊的特征

艾美耳球虫种类	寄生部位	形状	大小	孢子化时间（h）
阿撒他艾美耳球虫 (*E. ahsata*)	小肠	椭圆形	(27 ~ 43) μm×(19 ~ 35) μm	16 ~ 32
巴库艾美耳球虫 (*E. bakuensis*)	小肠	长椭圆形	(23 ~ 33) μm×(18 ~ 24) μm	24 ~ 42
槌形艾美耳球虫 (*E. crandallis*)	回肠、盲肠、结肠	椭圆形	(18 ~ 25) μm×(15 ~ 23) μm	41 ~ 65
浮氏艾美耳球虫 (*E. faurei*)	小肠、大肠	卵圆形	(25 ~ 38) μm×(18 ~ 25) μm	24 ~ 41
颗粒艾美耳球虫 (*E. granulosa*)		瓮形	(23 ~ 38) μm×(18 ~ 32) μm	36 ~ 41

（续）

艾美耳球虫种类	寄生部位	形状	大小	孢子化时间（h）
错乱艾美耳球虫（*E. intricata*）	小肠、盲肠	椭圆形	（40～67）μm×（30～51）μm	68
马耳西卡艾美耳球虫（*E. marsica*）	回肠、盲肠、结肠	椭圆形	（15～22）μm×（11～14）μm	72
类绵羊艾美耳球虫（*E. ovinoidalis*）		卵圆形至球形	（18～28）μm×（15～25）μm	24～44
苍白艾美耳球虫（*E. pallida*）		椭圆形	（12～17）μm×（10～15）μm	24～44
小型艾美耳球虫（*E. parva*）	小肠	球形或椭圆形	（15～23）μm×（15～21）μm	48～68
温布里吉艾美耳球虫（*E. weybridgensis*）	小肠	椭圆形或亚球形	（17～30）μm×（14～19）μm	45

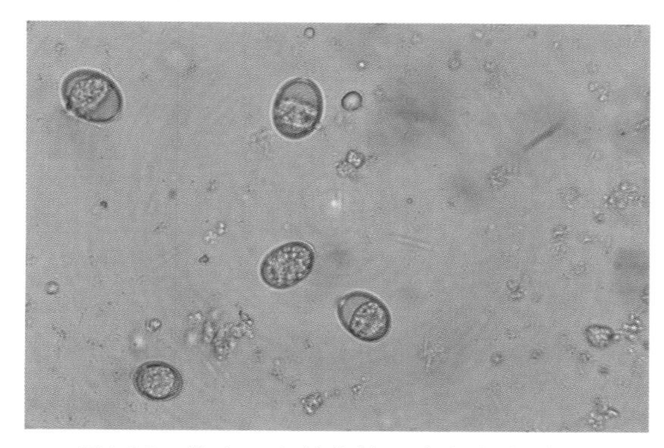

图1-25 排出不久的艾美耳球虫卵囊（1）

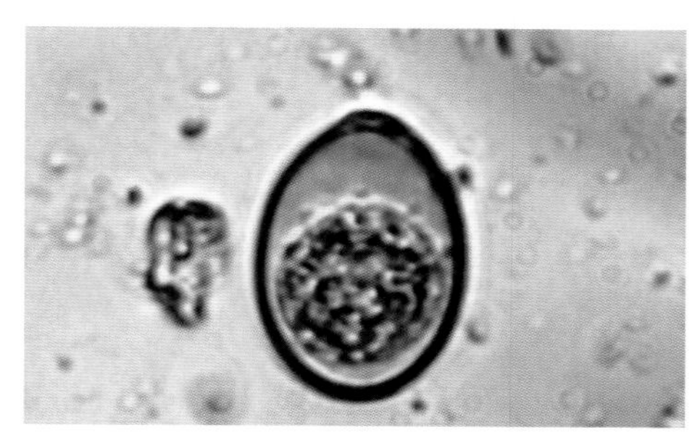

图1-26 排出不久的艾美耳球虫卵囊（2）

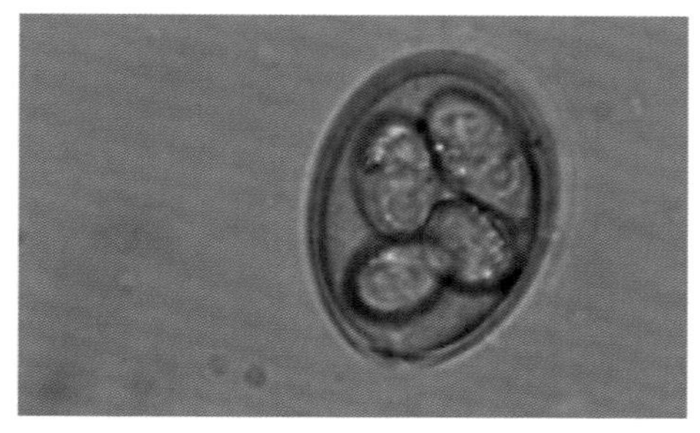

图1-27 排出不久的已孢子化的艾美耳球虫卵囊

(1) 通过离心或漂浮的方法获得一定浓度的卵囊。必要时可以用麦克马斯特计数法对每克粪便中的卵囊进行计数。

(2) 在一个大的有盖培养皿中将收集好的卵囊与氧化溶液（1%～2%的重铬酸钾或硫酸）混合均匀，避免阳光照射，保持在室温或在20℃温育，每天通风以供给充足的氧气。

(3) 在3～5d内，可观察到持续相当长时间的孢子化的卵囊（如果每天进行漂浮法检查，可观察到发育的子孢子）。

皮肤检查

■ 外寄生虫的直接采集

大型外寄生虫（成蝇以及幼蝇、蜱、虱子等）可借助于镊子、刷子等工具直接采集（像跳蚤等活动快速的外寄生虫，可以用少量的酒精使其活动能力降低）。可想而知，羊身上的外寄生虫是不容易被看到的，剪了毛后要好一些（图1-28），建议最好在羊舍里采集跳蚤，在草尖上采集蜱。

图1-28　剪毛后是检查绵羊外寄生虫的好时机

■ 皮屑刮取术

在诊断动物疥螨时，可见一些典型的特征性症状，如高度接触传染、皮肤损伤的部位和类型等。尽管症状可能已经非常明显，可以做出比较清楚的临床诊断，但还需要从皮肤损伤处刮取下来的样品（图1-29）中找到螨来完成确诊。

图1-29　刮下的皮屑

直接检查皮屑中的疥螨

（1）刮切到的样品材料可以直接观察，但最好是把皮屑在30℃孵育至少8h后观察。

（2）样品材料可放在载玻片上，盖上盖玻片在光学显微镜下直接观察，但最好是先在立体显微镜（放大镜）下观察并采集活螨。

（3）对于特异性的鉴定，需要通过加拿大树胶、乳胶或其他固定液制片，显微镜检查。

如果检查结果为阴性，而临床症状可疑，应该对皮屑进行消化，接着对螨进行富集。

疥螨皮屑消化及蔗糖富集

- 把样品放置在装满10%氢氧化钾的试管里，并在37℃孵育24h。
- 3 000r/min离心3min。
- 弃上清，在沉淀中加等量蔗糖。
- 1 500r/min离心最多2min。
- 在试管中加满蔗糖直至形成一个新月面。在管口上放置一个盖玻片，等待1min。
- 把盖玻片移到400倍的光学显微镜下检查（查找成虫、幼虫和卵，见图1-30）。

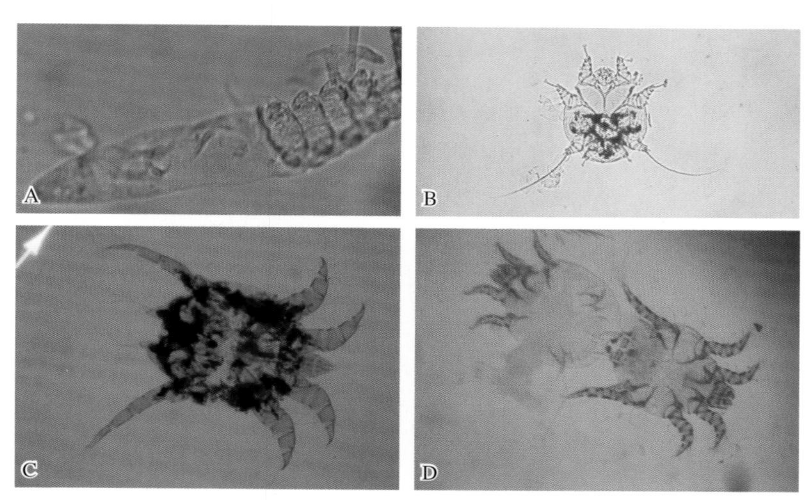

图1-30 光学显微镜下的螨

A.脂螨属（*Demodex*） B.疥螨属（*Sarcoptes*） C.痒螨属（*Psoroptes*） D.皮螨属（*Chorioptes*）

血液检测

■ 血涂片

目的是检测血细胞或血清中的寄生虫。抽血后立刻制作血涂片非常重要，因为血细胞发生的微小变化都会造成难以检测到血液寄生虫（图1-31、图1-32）。采血的时间点也很重要，选择急性发热期采血较容易检测到寄生虫。

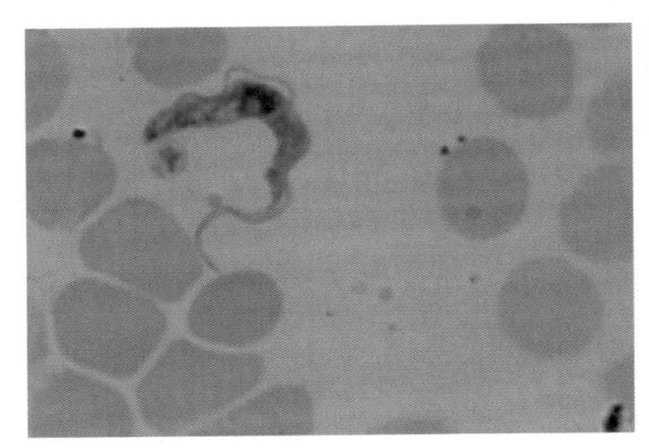
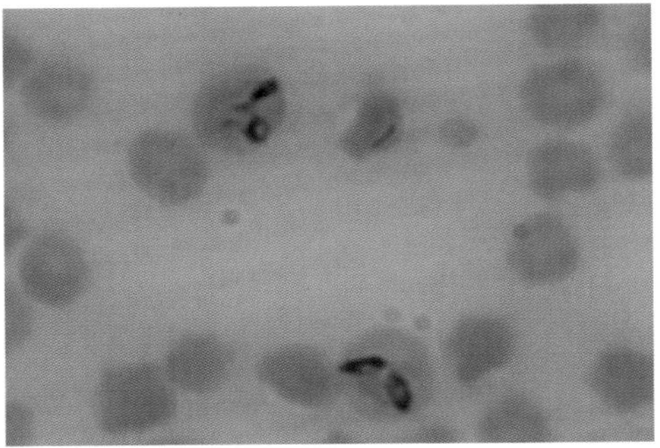

图1-31　单层细胞血涂片以便于观察胞内和胞外的血液寄生虫

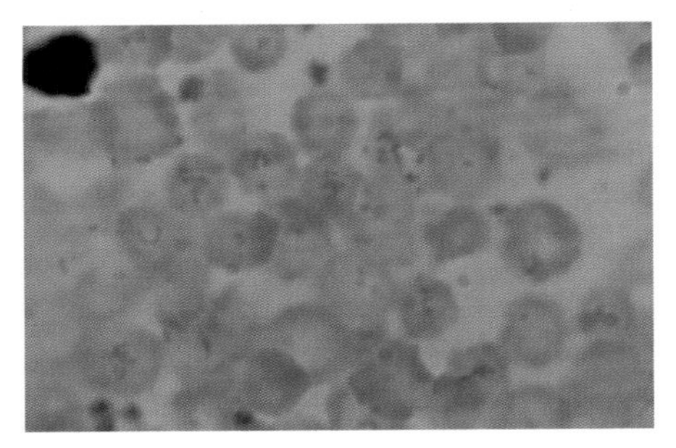

图1-32　涂厚的血涂片较难正确地观察血液寄生虫

- 采一滴血（不要太多）到血涂片的一端（血涂片应该非常干净且没动物油脂）。
- 以大约45°角从没有血液的一端快速拉动盖玻片，直至其与血液接触，并让血液沿盖玻片向两侧分散。根据血液的黏稠度和质量，调整盖玻片推动的角度而达到满意的厚度。
- 推动盖玻片，带动血液移向载玻片的另外一端，直到血液覆盖载玻片。
- 空气中晾干。晾干时可将血涂片面朝一个干净的表面放置，防止落上灰尘，或者来回挥动载玻片几次使其在空气中快速干燥。
- 干燥后，根据染色方法对血涂片进行固定（甲醇等3 ～ 5min），然后晾干。

血涂片固定好了，就可以用一些传统的方法进行染色了。这一步不像固定，不需要急着马上染色。作为经验规则，为了避免在血涂片上出现染料残渣，一般推荐在操作前过滤染液，至少也要每天过滤一次；最好用垂直染缸，而不是平放着加染液染色。

姬姆萨染色

- 用纯甲醇固定3 ～ 5min。
- 在载玻片上加满姬姆萨染液，放置20min（每毫升水中加2 ～ 3滴姬姆萨原液）。
- 然后，用蒸馏水润洗直到水变清为止。
- 晾干，在400倍或1 000倍放大的显微镜下观察。

小反刍动物的主要寄生虫形态见表1-6。

表1-6　小反刍动物主要寄生虫形态

属	描述	形态	大小	宿主	种
巴贝斯虫	裂殖子在红细胞中	梨籽形 卵圆形 圆形	小型： 1 ～ 2.5μm	绵羊 山羊	绵羊巴贝斯虫 （*B. ovis*）
			大型： 2.5 ～ 5μm	山羊	莫氏巴贝斯虫 （*B. motasi*）
泰勒虫	裂殖子在红细胞中。姬姆萨染色，胞质嗜酸性，伴有一块嗜碱性染色质分布在一端。有单个虫体，成对虫体或十字交叉虫体。裂殖体在白细胞中	圆形 卵圆形 环状 逗点形 杆状	0.5 ～ 6μm	绵羊 山羊	莱氏泰勒虫 （*T. hirci*）（现名为*T. lestoquardi*，译者注）

从环境中采集蜱

■ 布旗法采集蜱

这是从地面上采集蜱的标准方法。用一块棉布在蜱依附的植被上拖动就好比宿主动物经过，蜱会附着在棉布之上。采集的主要目的是在每一个区域鉴定蜱种，并提供蜱丰富程度指数（每100min采集的蜱的数量）。进而预测蜱的流行病学情况，以及可能存在蜱传播病的情况。尽管这个方法很简便，但是它对了解蜱的行为学非常必要（蜱叮咬宿主的方式和它们的生活习性等）。

• 在地面上拖动一块2m × 2m的棉布。

• 每5min把布翻过来采集和观察粘上的蜱（图1-33）。

• 采样时间要长于30min，如果可能，尽量在农场的不同区域采样。

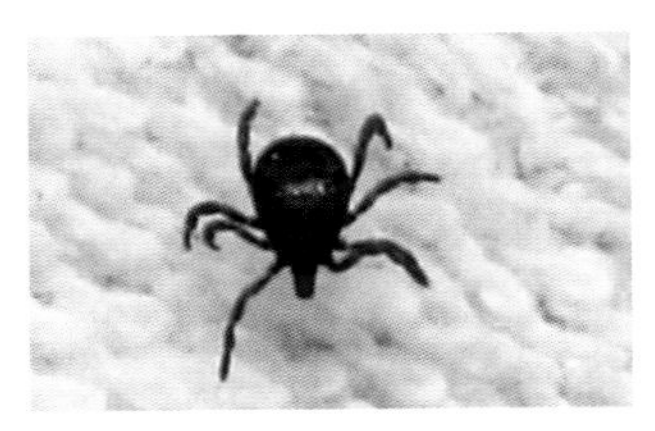

图1-33　用棉布采集的蜱

■ 从草场上采集毛圆科线虫的方法

目标是发现和评估草地上毛圆科线虫感染性三期幼虫的数量。目的不是收集一次性的数据，而是通过在一个季节内每两周或每月采样来确定草场遭受病原污染的程度，以确定羊只遭受感染最具危险的时期。

草地采集方法

在草坪上按锯齿形状先向外后向内以形成W形的采样路线（每条轨迹上100个采样点）。在每个采样点，每隔4 ～ 5步，通过人工紧贴地面用镰刀或剪刀割草，覆盖4个采样方向（东、西、南、北），采集的样品应避免带有泥土和草根，因为其中可能含有营自由生活的线虫，会影响诊断结果。采集的草样品放在防水的塑料袋中（向外采集的一袋，向内采集的一袋）。总共一个样品袋中应该有400捆草，根据一年中的不同采样时间，样品重量应该为250 ～ 500g。

大面积干旱区域

一块大小4 047 ～ 8 094m^{2}并能代表放牧区域的多边形区域应该被选为采样区域。这种情况下，应该按照一个四边形的线性采集路径U形，沿轨迹向外，然后沿轨迹向内采样；每5 ～ 10步采集样品，1个轨迹上采样100个点，每个点包括东西南北四个方位，因此一个轨迹共采集400个点的样品，并装在一个采样袋中。

（1）处理和分离已感染的幼虫。采集的草运到实验室后立刻放入盛温水的桶里（每250g草用10L水），水中添加去污剂（吐温-80或家用洗涤剂），搅拌至少5min促使幼虫释放。接着，浸泡24h，不时用玻璃棒搅拌。之后，用大号的滤器过滤，反复清洗，滤干，把洗净的草放在金属托盘上用烤箱烘干。烘干后，称量来计算干物质的百分率。

（2）将桶里的水和洗脱液经两个叠放在一起的筛子过滤，筛子的直径分别为20cm和30cm，筛孔分别为150μm和20μm大小。幼虫会被截流到小孔的筛子里。在这个操作过程中，由于水是从大桶里倒入筛子中的，所以要用具有压力的温水进行冲洗，这样也有助于过滤。将第二个筛子收集的沉积物移到100mL的量杯中，要确保所有的沉积物都移入量杯中。

（3）样品静置冷藏保存24h，用真空泵带动的吸管吸弃上清，剩下的20 ~ 30mL沉淀倒入量筒中（把量杯里的残渣洗干净），加水把最终体积补齐到30 ~ 40mL。

（4）把量筒中的沉淀用大口的移液器吹吸混匀，分成5等份（每次5mL分配到各管），放入离心机水平转子自带的大管中。向样品管中加入生理盐水直到形成一个稍微凸出的新月形液面，在管口上放上盖玻片。然后3 000r/min离心5min。

（5）这样的程序反复离心3次，用细的玻璃棒搅拌沉淀，确保幼虫没有混在沉淀中。每次离心后，把盖玻片放在加有一滴卢戈氏碘液（Lugol）的载玻片上。由于营自由生活的线虫幼虫没有鞘膜，会比胃肠道感染性幼虫颜色更深。

（6）鉴定幼虫的方法与来自粪样的幼虫相同。

测算样品中寄生虫荷载量

在光学显微镜下对3张盖玻片上的幼虫计数。总数代表着5mL样品中的虫体数量，因此还应根据你起始样品的总体积（30mL或40mL）乘以6或8，然后乘以1 000，除以草样干重，最终计算出每千克干草幼虫感染的荷载量。

验尸分析：尸检

尽管以前的方法相对简单，并具有重要诊断价值；然而，作为感染的间接判断，这些方法不能总是准确地反映动物的荷虫率。由于这一原因，当在生产中面临因病理状态造成损失或减产时，应该开展死亡动物的尸检；有时甚至有必要扑杀一只表现临床症状的动物。尸检的目的是评估动物的寄生虫感染的数量，换言之，从内容物或不同器官的管壁收集寄生虫，接着计数和鉴定。为了这一目的，应忽略一系列的正常尸检的程序，使用可直接诊断寄生虫的方法，但这并不意味着不进行系统的、有组织的和全面性的尸检。所有参与尸检人员应该戴手套和其他保护服。当动物扑杀后，寄生虫尸检应该立刻进行，否则尸体应该保存于冰箱。如果没有替代方案，尸体应该在10%福尔马林溶液或者70%乙醇（或冷冻）保存，然而随后的尸检、处理、恢复、检测和寄生虫的鉴定会有点复杂。

验尸研究的主要缺点是费用昂贵，同时在许多情况下技术的有效性依赖于行动速度；动物死后，在极短时间内开展尸检是非常重要的。但是，伴随尸检，通常能获取关于感染水平的最准确的信息，也能观察到复杂临床条件的其他病态过程。

操作程序

扑杀前，应该采集血液样品（图1-34）以及其他认为是必要的样品，这主要依赖于这一地区非寄生虫引起的主要流行的疾病。以此为出发点，开展一个全面的体表检查，以查找损伤和/或体外寄生虫，记录可见的临床症状，甚至一些非特异性的对诊断帮助不大的症状（腹泻、厌食、鼻分泌物、贫血等，见图1-35至图1-40）。

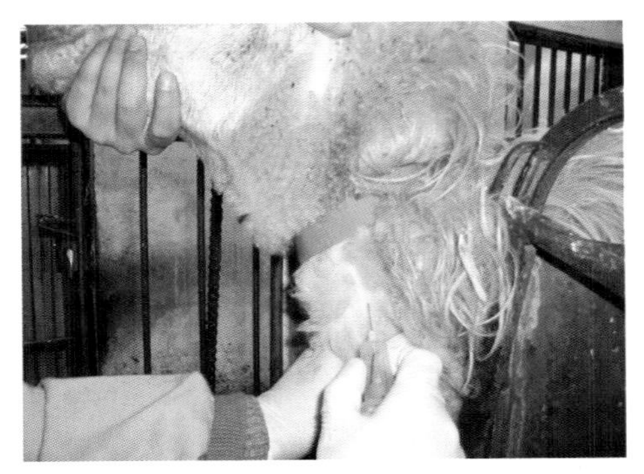

图1-34　采　血

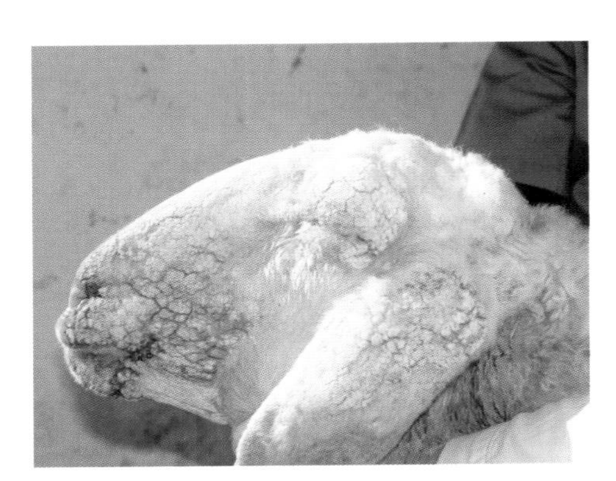

图1-35　结痂病变

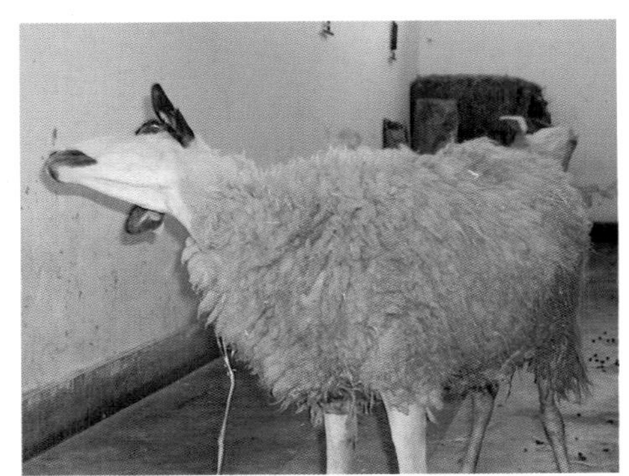

图1-36　多头蚴病症状

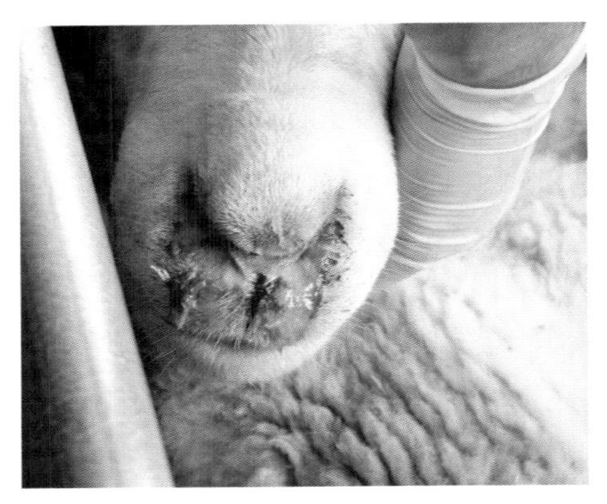

图1-37　黏液分泌增多

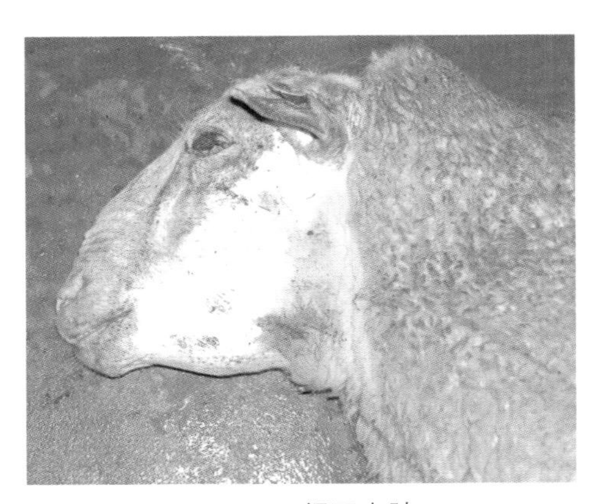

图1-38　颌下水肿

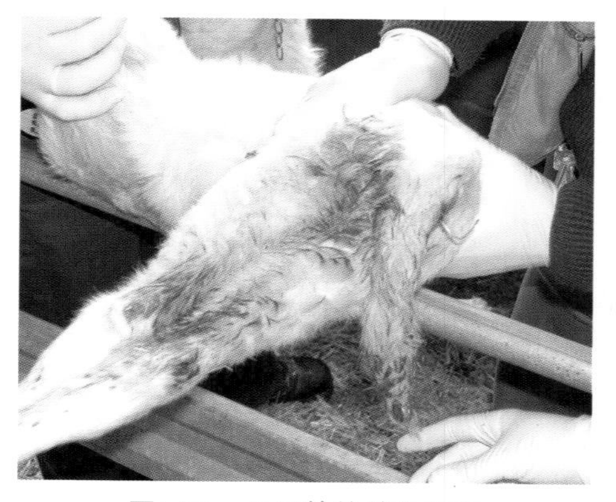

图1-39　几日龄的羔羊腹泻

图1-40　欧洲盘羊的蜱和蝇蛆病

然后，沿腹白线切开腹腔（图1-41），开始体内检查。接着检查定位肉眼损伤、丝虫或绦虫蚴。随后，取出整个内脏（图1-42），放置于一表面干净器皿。先检查外观，然后将各个器官剥离。如果消化道无法立即处理，各部分之间采用两段结扎术以防止内容物流失或内部混合。接着依次剥离和摘除皱胃、小肠、大肠等（图1-43）。每个器官或解剖组分应放置在一个正确的标记的密闭容器中。应该从直肠终端部分采集粪便，采集的量应保证足够开展相关的内容物分析。

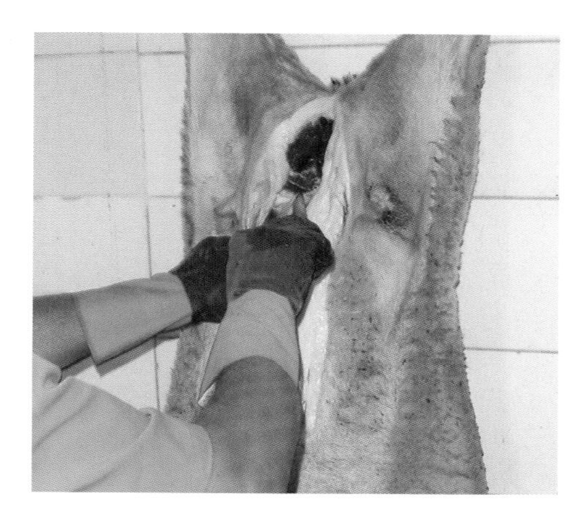

图1-41　沿腹白线切开腹腔

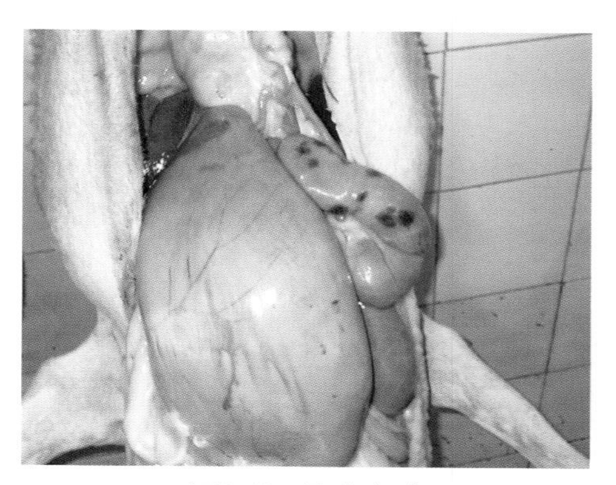

图1-42　取出内脏

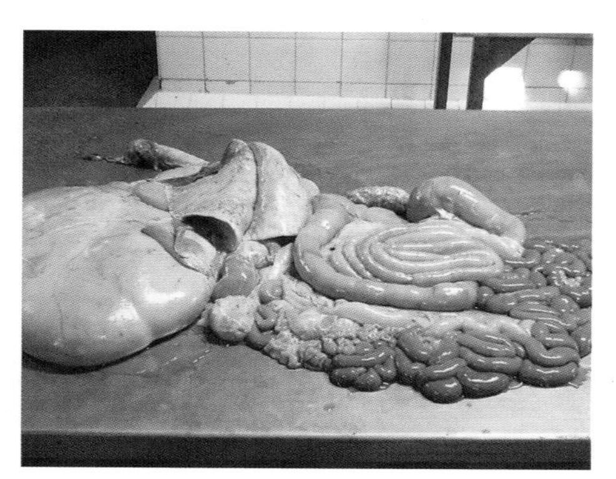

图1-43　消化系统不同部分的分离

在胸腔，开展类似的检查，除去气管、食管、肺脏和心脏。检查病例心脏或膈膜是否存在结节、肺部病变、囊尾蚴，以及进行膈膜和肋间肌肉的取样。

一旦内脏摘除完成，继续检查食管，寻找损伤、囊肿、囊尾蚴等。这时通常不能发现明显症状，但是某种其他观察症状将提供一些信息有助于作出诊断，如脂肪数量和质量、器官萎缩（图1-44、图1-45）、肌肉质量损失、血肿（图1-46）、膀胱充盈（图1-47）等。

在实验室，头也能保存完整以供研究，或者原位开颅做简单描述。

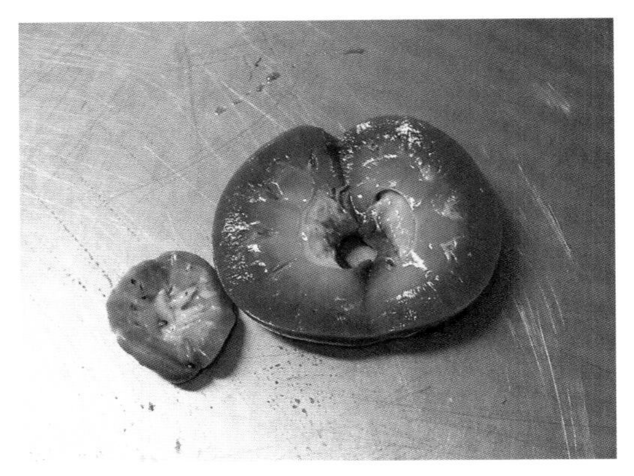

图1-44　萎缩的肾

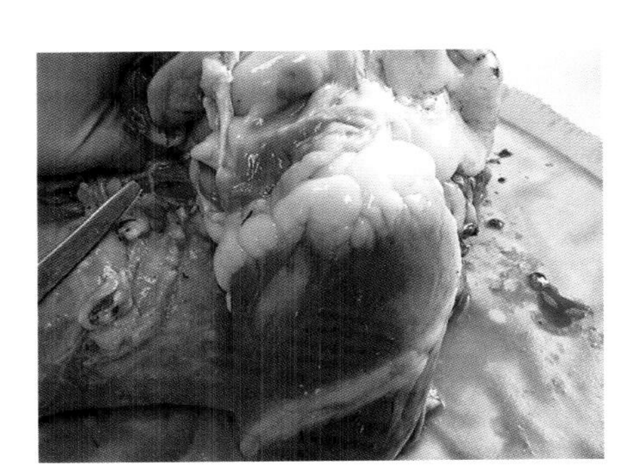

图1-45　心耳萎缩

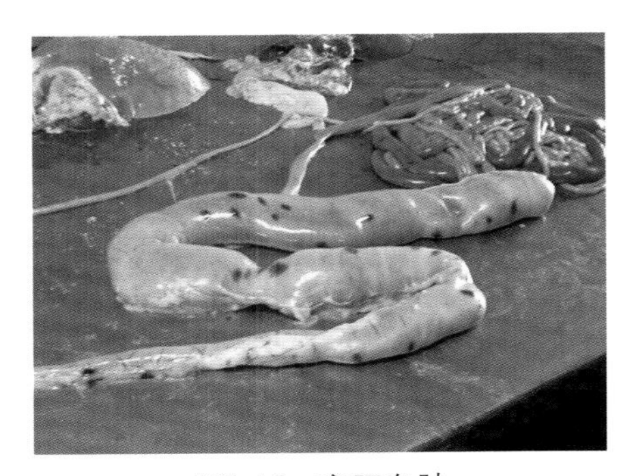

图1-46　盲肠血肿

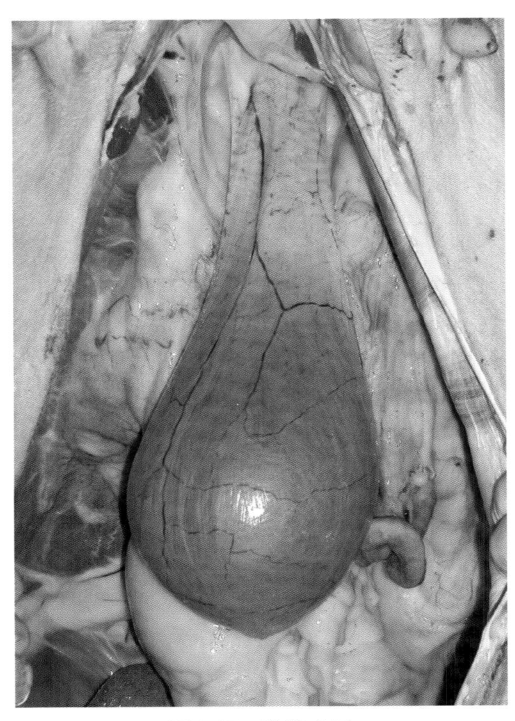

图1-47　膀胱充盈

不同器官和系统的个别处理

头

做初步外表检查，在严重感染情况下，在鼻、口和咽部可见蝇类幼虫。如果多头蚴已经导致颅骨发生萎缩，在用力按压时可以感觉到该区域的变化。用电锯、锤子和小斧头，可以纵向打开头颅（之前先掀开切割区皮肤）。一旦开颅成功，检查鼻、鼻窦、咽、鼻后孔、脑、小脑，寻找狂蝇幼虫（羊狂蝇）（图1-48）或者共尾蚴幼虫（脑多头蚴）。随后，去除脑内容物，硬膜下间隙检查是否存在丝虫属线虫。

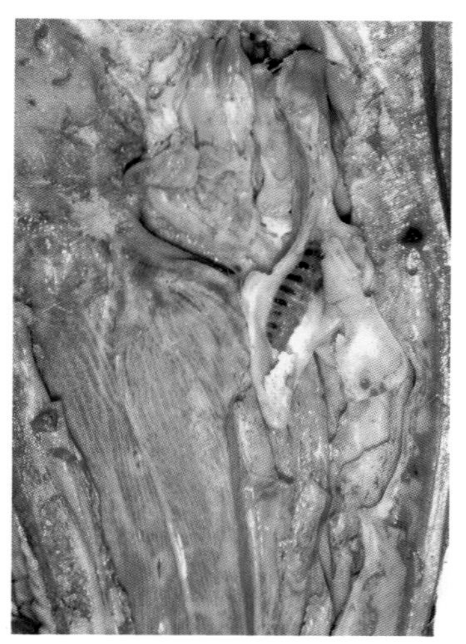

图1-48　狂蝇幼虫

食管

外部检查肉孢子虫的大配子（巨型肉孢子虫）。之后，做纵向切口，黏膜检查是否存在美丽筒线虫的成虫，以及它们的蜿蜒轨迹（图1-49）。

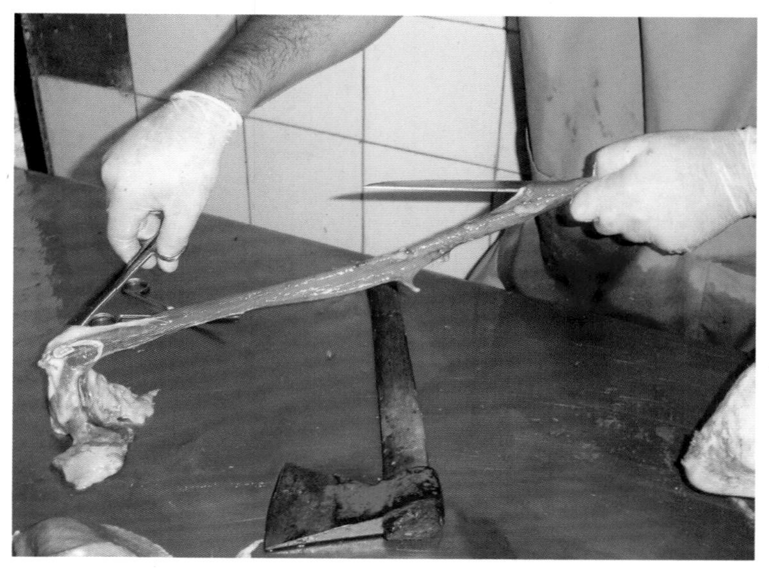

图1-49　食管在打开前应该从外部检查，切口应从食管一端到另一端

呼吸道

在肺脏实质检查是否存在由原圆科的线虫引起的脓肿（图1-50）、包虫病或寄生结节（图1-51、图1-52）。一旦纵向打开气管（图1-53）、支气管和细支气管，需要指出的是，发现呼吸通道充满泡沫、血液和食物残渣是很平常的事，因此需要用温水细心清洗，注意不要遗弃和丢失任何寄生虫。

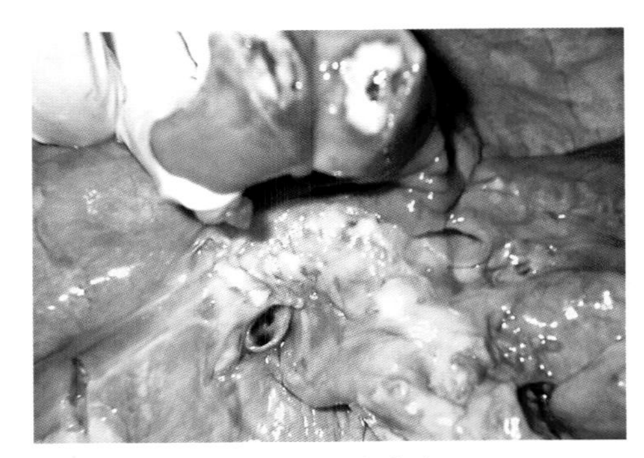

图1-50　肺脓肿

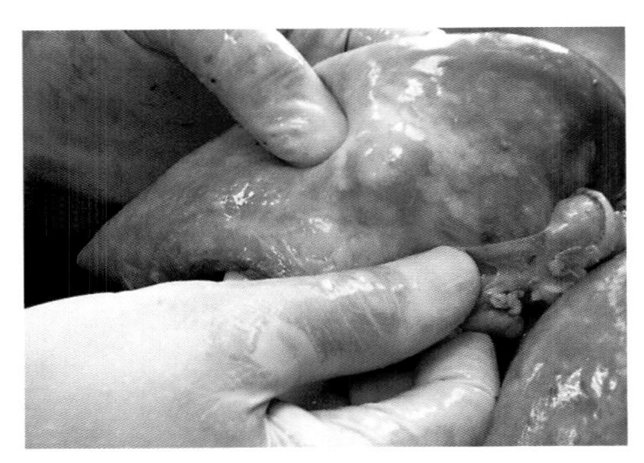

图1-51　寄生结节（1）

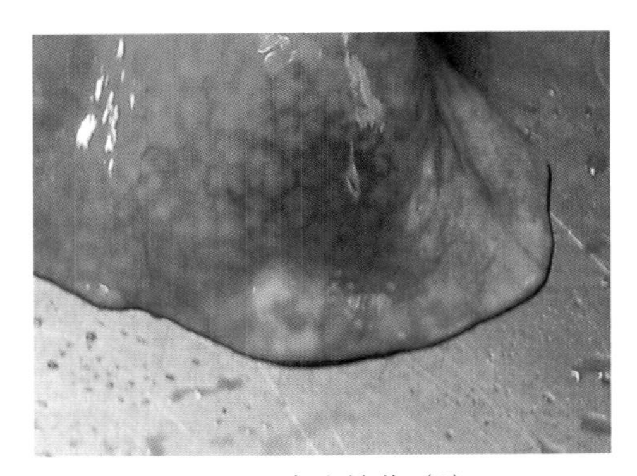

图1-52　寄生结节（2）

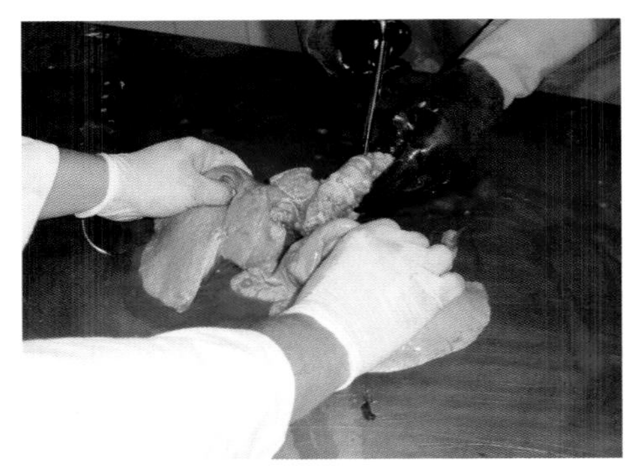

图1-53　打开气管

在气管和主支气管，容易见到丝状网尾线虫；而在细支气管或肺实质，更易发现由原圆科线虫（原圆属、新圆属、囊尾属、缪勒属）引起的寄生虫结节（蠕虫结节）和卵结节。

由带鞘囊尾线虫引起的寄生虫结节类似于包囊，有一个暗浅黄色外表（似鸟枪子弹），而毛细缪勒线虫引起的结节由黄变黑，比较坚硬。虫卵结节呈弥散性分布，比较明显，颜色从灰白到黄色。

在放大镜下，虫卵结节能在两个厚的载玻片之间被压缩，虫体能用镊子拉出来。虫卵结节也能在含生理盐水的培养皿中被打开，检查虫卵结节内容物，通常内容物携带前期成虫、成虫和幼虫。

通过打开呼吸道最狭窄处，倾倒内容物（切口面朝下）至含热水的贝尔曼容器中以收获网胃属线虫的幼虫期线虫。数小时后，幼虫将下沉至漏斗颈部。

瘤胃

可以切开瘤胃检查内容物，但是涉及的工作和获得的有限信息，意味着这不是通常做法。在发病区域，有意义的是去检查黏膜以便寻找诸如美丽筒线虫和鹿前后盘吸虫，以及它们引起的损伤。

网胃和瓣胃

关于消化道蠕虫病的诊断通常没有意义。

皱胃

皱胃是消化道检查毛圆科线虫最有意义的部位（图1-54）。首先沿大曲率切开皱胃（因为这部分血液供应被减少），接着用热水去冲洗虫体。很重要的是检查皱胃黏膜去寻找损伤或可能黏附于皱胃壁的蠕虫。要记住的是不同寄生虫虫种选择该器官的不同区域寄生（环纹背带线虫：幽门窦，艾氏毛圆线虫：心脏，捻转血矛线虫：近端区域或胃底）。黏膜应该多次冲洗，直至冲出所有蠕虫。所有材料（最初的胃内容物以及冲洗物）应收集在一个容量为8 ～ 10L的桶里。接着，用150μm大小筛目的筛子排空从而保留虫体，用有压力的水射流来强制过滤和消除彩色颗粒，直到最后有少量胃内容物留在筛子中。如果胃内容物含大量大颗粒，用1mm孔径的筛子过滤上述残留物。

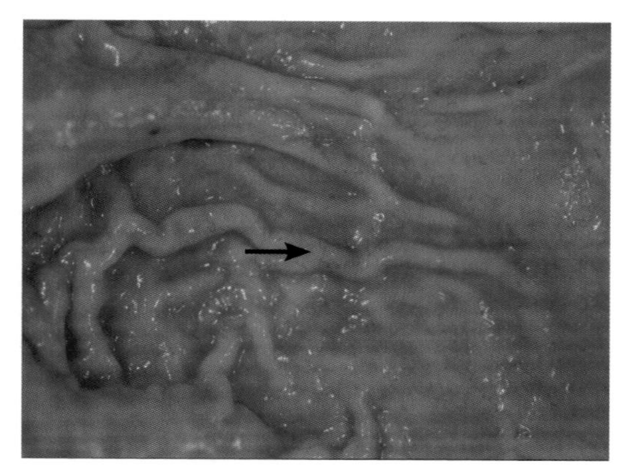

图1-54　胃黏膜上的毛圆线虫

如果内容物体积较大，那么可以检验代表总数的代表性试样。为此，筛子中残留物被置于1 ～ 2L的沉淀罐中。加水至1L刻度，接着混匀（用磁力搅拌棒或玻璃棒），取2份100mL或200mL的样品（分别为10%或20%）。分析第一份样品，如果在稍后的日期开展后续测试，第二份样品应保存于70%酒精或10%福尔马林中。

皱胃的主要损伤是增生，2～3mm结节，瘀点（小红斑），糜烂或卡他性胃炎。在组织切片中，胃底腺可观察到奥斯特线虫的幼虫（图1-55）。

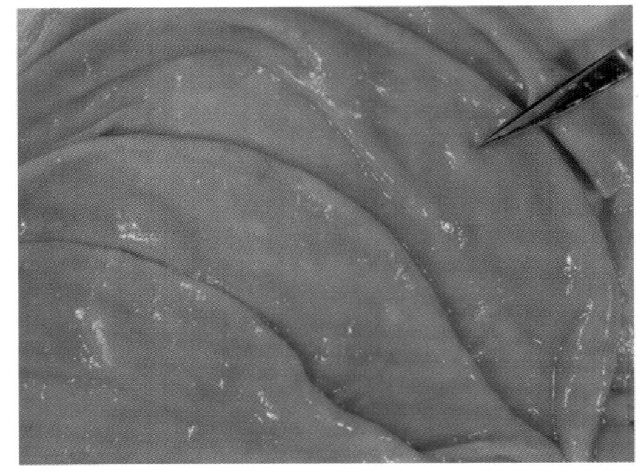

图1-55　奥斯特线虫引起的胃黏膜病变

小肠

小肠可以完整摊开并与大网膜和脂肪分离，这部分操作越早越容易（图1-56）。因为放置一段时间后，小肠或许撕裂，剥离既费力又脏，一部分肠道内容物容易流失。接着，用手指轻轻施压，从而将肠道内容物倒进水桶。一旦排空肠内容物，用钝头剪刀纵向切开小肠，用适宜温度自来水冲洗肠黏膜。处理十二指肠时要特别小心，因为这里是大多蠕虫寄生部位，但仰口线虫属除外，它们通常寄生于空肠及回肠。一些作者推荐把小肠切成30～40cm长的片段，对这些片段进行内部施压冲洗。尽管由于周围附有脂肪从而使处理过程有点复杂，但内容物过筛洗涤程序与皱胃洗涤程序相同。

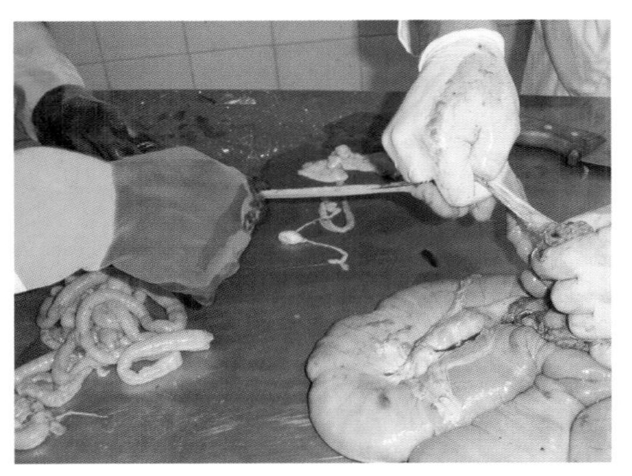

图1-56　将小肠与大网膜和肠系膜脂肪剥离便于切开和冲洗小肠

与皱胃相比，小肠通常含有较少量虫体，但是检查小肠很重要，因为它是绦虫成虫（扩展莫尼茨绦虫通常仅发现于幼龄动物）的常见寄生部位（图1-57）。小肠同时也是一些线虫的寄生部位，如细颈线虫属线虫、大多数的毛圆属线虫、奥斯特属的一些线虫、羊仰口线虫、古柏属线虫、乳突类圆线虫等，但这些线虫在皱胃里发现不了。在疫区，有可能发现一些未成熟的鹿前后盘吸虫的样本。

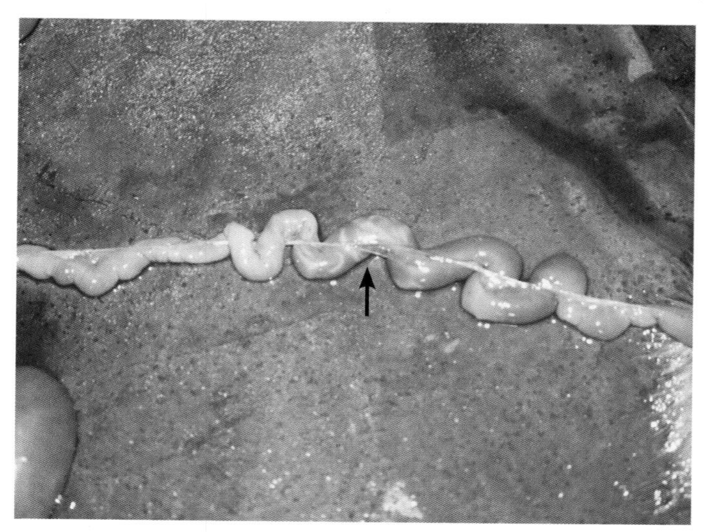

图1-57 在幼龄动物体内，可能发现绦虫成虫，应仔细移除

在小肠，可能识别出肠炎、小肠绒毛萎缩、白喉卡他性渗出物和出血。如果有球虫的临床怀疑病例，可以做验证性刮片检查。定位受影响的小肠部位，纵向切开，肠内容物在生理盐水中洗涤，切开的小肠黏膜面朝上置于桌上。盖玻片划过黏膜，轻轻刮过表面。刮刀放置于玻片上，在显微镜下检查证实球虫的不同内源性阶段。

盲肠

纵向切开盲肠，用温水冲洗黏膜，内容物收集于水桶。在这种情况下，将内容物倒置于深色托盘来回收虫体，不需要过筛和放大镜。这时也可能发现一些其他小肠类圆线虫属虫体，白色相对较大，如绵羊夏伯特线虫、食道口属，或毛尾属。它们数量不大但经常存在。

圆线虫科的线虫在盲肠引起的损伤为黏膜肠炎、溃疡直径达1cm 的结节和盲肠炎。

结肠

按照前面器官描述的方法处理。结肠内虫体量较少，致病力较低，以致通常不需要处理。然而，结肠又是唯一能发现某些特定寄生虫种的部位，如绵羊克里斯宾线虫和其他一些线虫，这些寄生虫来源于前面的消化道，只是由粪便携带。

直肠

唯一的意义是粪便诊断的样本能从这里获取。

肝脏

首先是触诊肝实质以查找损伤（如歧腔吸虫病引起的小出血斑点）和/或包囊（图1-58）。然后，用生理盐水冲洗包囊，采取一系列纵向小切口直到胆管、血管和可能的血肿以便检查寄生虫和它们引起的损伤。最后，肝脏被分成1cm × 5cm的块状，在生理盐水中挤压。所有挤压盐溶液过300μm筛子，所有肝片吸虫和歧腔吸虫保留在筛子上。

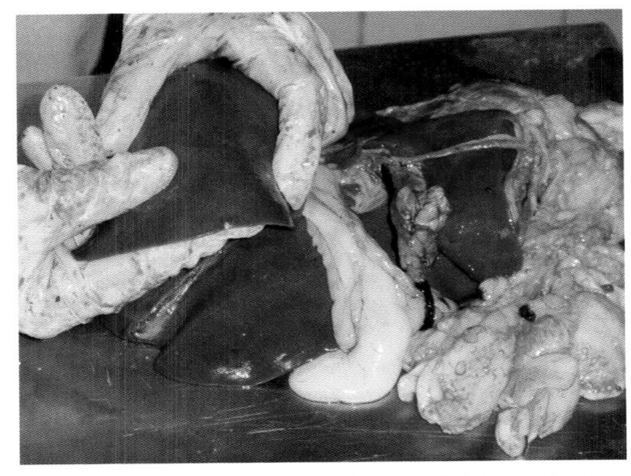

图1-58　触诊可以帮助定位肝脏内部的结节

在肝实质可见绦虫的幼虫。同样地，肝包囊（细粒棘球绦虫幼虫期）以球形、不透明结构出现，通常充满半透明的液体，并且以相当大的体积；或寄生于肝脏表面的囊虫（一些绦虫的幼虫期，它的成虫寄生于食肉动物体内），虫体透明，内含肉眼可见的原头蚴。在肝管，可能发现肝片吸虫和歧腔吸虫（图1-59、图1-60）。在鹿群中，相当比例的鹿的门静脉系统的血管中可能见到线虫——红鹿血管丝虫；当鹿和绵羊、山羊共同分享一个栖息地时，该虫体很有可能存在于绵羊和山羊体中。

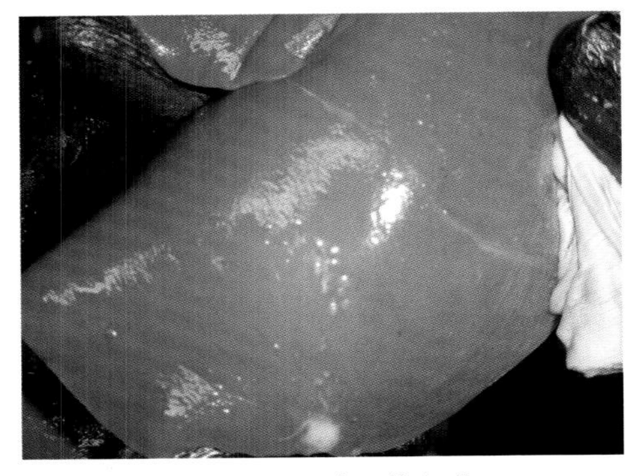

图1-59　肝脏顶缘钙化

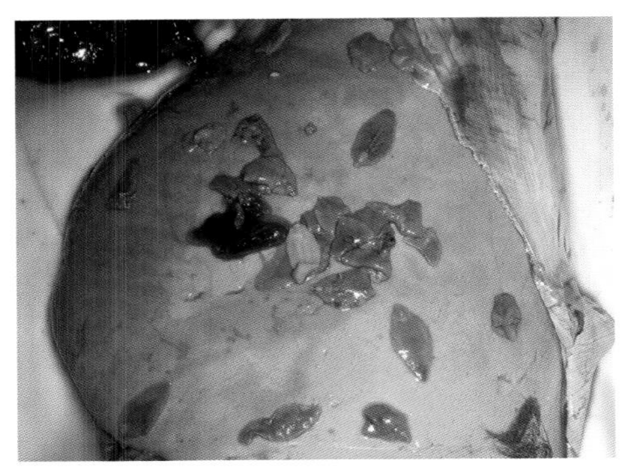

图1-60　肝片吸虫

胆囊

切开胆囊，内容物被倒进含生理盐水的玻璃容器（结晶皿、大培养皿等）。用20μm滤膜过筛，冲洗筛子，除去剩余物质并放入小沉淀罐中，富集肝片吸虫和矛形歧腔吸虫的成虫和卵，在胆汁中应该能见到它们。最后，检查在两个盖玻片之间的沉积物。

肌肉

取样肌肉碎片（主要是心脏、食管、舌、肋间和横膈膜）。在这些部位，或许能发现某种肉孢子虫；一些寄生虫，如巨型肉孢子虫、羯犬肉孢子虫，会产生被远离实际囊壁的二层囊包围的微包囊，肉眼可见，类似米粒。相反，大多数肉孢子虫属的种（水母形肉孢子虫、山羊犬肉孢子虫、羊肉孢子虫）产生微包囊（图1-61），仅仅在旋毛虫检查或人工胰蛋白酶消化检查时在光学显微镜下可见。

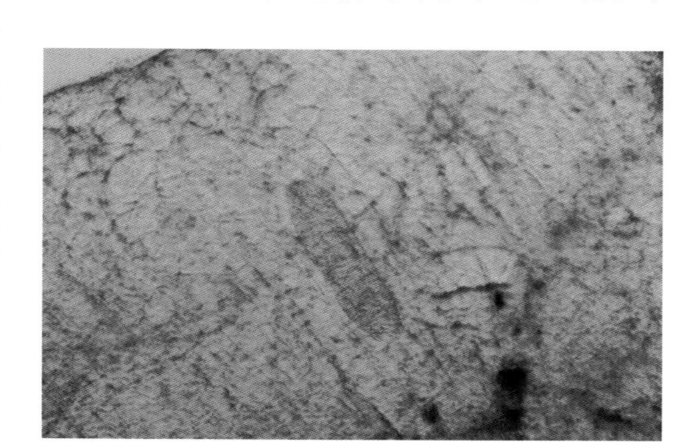

图1-61 肉孢子虫微包囊

内容物样品中蠕虫的收集

样品一点点地逐渐倒入平皿，然后在体视显微镜下观察被检样品，使用的放大倍数为8 ～ 10倍。用细毛刷或者昆虫排针挑取线虫，应将排针的针尖向回弯曲成一小钩。最初挑虫时按照大小和性别将虫体分开，雄虫的特征是具有交合伞或螺旋尾端，容易与雌虫相区别；将挑出的虫体保存在70%酒精或者10%福尔马林中。样品收集工作需要操作人员有耐心，因为每次在平皿中放入被检内容物的量并不多；如果放入内容物的体积过大，则一些蠕虫会隐藏在内容物中，不易被发现，特别是那些体形小的线虫如毛圆线虫属（*Trichostrongylus*）和古柏线虫属（*Cooperia*）。

盲肠内寄生的线虫通过肉眼就能发现，因此可将内容物样品缓慢倒入金属或者黑色托盘中进行检查。托盘要从不同方向摇动，使内容物充分分散到托盘中，这样白色的蠕虫显得格外突出，很容易被发现和用细毛刷或套管针进行收集。

要尽可能收集完整绦虫，这是因为得到虫体的头节对进行虫种鉴定十分有用。肝部寄生的吸虫体形通常也足够大，因而内容物富集后，放少许沉淀到平皿中，就可看见虫体并可进行收集。

虫体的准备、洗涤、固定和封片

为了正确观察和鉴定虫体，应使用不同的固片剂暂时或长久做好标本准备，如果为了保存标本则需要对标本进行封片。

线虫

为了避免虫体干燥，虫体可以用热生理盐水或者10%福尔马林清洗，并不时摇动清洗液并更换液体数次。由于虫体通常具有一层厚的体被，因此虫体需要偶尔放入热（70 ～ 80℃）的70%酒精中进行处理，使虫体通过加热松弛得以伸张和固定。一旦虫体被固定，则可以对其进行冷却，然后放于70%酒精、10%福尔马林，或者4%福尔马林–10%冰醋酸溶液中保存。保存于酒精中的虫体不像保存于福尔马林液中的虫体那样僵硬。如果虫体很小，则虫体可以放入生理盐水或者乳酚棉蓝液中直接进行固定，乳酚棉蓝液和固定介质也是缓慢作用性透明剂，这类透明剂能使虫体内部结构变得在显微镜下清晰可见，这对虫种的鉴定非常必要。

胃肠道线虫（GIN）成虫的鉴定

为了便于虫种的鉴定工作，可将胃肠道线虫（图1-62）分为两组：毛圆线虫科，包括奥斯特线虫属（*Ostertagia*）、仰口线虫属（*Bunostomum*）、夏伯特线虫属（*Chabertia*）、食道口线虫属（*Oesophagostomum*）等；其他胃肠道圆线虫。后者，简单地通过观察口腔（如仰口线虫属、夏伯特线虫属和食道口线虫属）或是否具有窄的前端（如食管）和较厚的后端（如毛首线虫属*Trichuris*），很容易从属水平上进行鉴别。毛首线虫的雌虫在后端稍微有点弯曲，并几乎总是充满虫卵，而雄虫的后端则容易观察到强健的交合刺、特征性的鞘并且高度弯曲。

毛圆线虫

毛圆线虫种的鉴定是较复杂的，需要操作人员具备一定的经验。然而，属水平上的分类鉴定则是相当直接的，只要遵循一条相对简单的原则，考虑某些结构的或缺口即可，如头囊（图1-63）、尾刺（图1-64）、头端体被上的缺口（图1-65）、颈乳突（图1-66）。

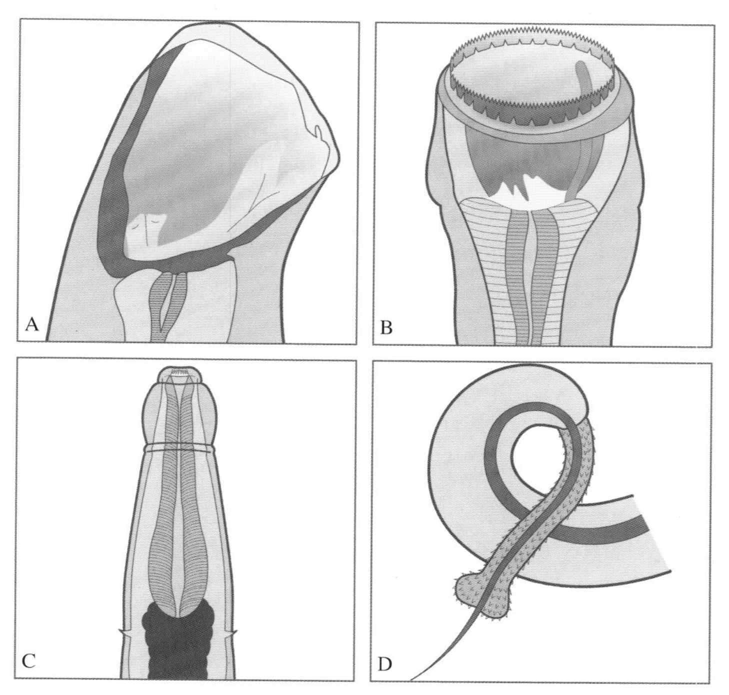

图1-62　胃肠道线虫

A.仰口线虫属（*Bunostomum*）的口腔　B.夏伯特线虫属（*Chabertia*））的口腔
C.食道口线虫属（*Oesophagostomum*）的口腔　D.毛首线虫属（*Trichuris*）雄虫的后端

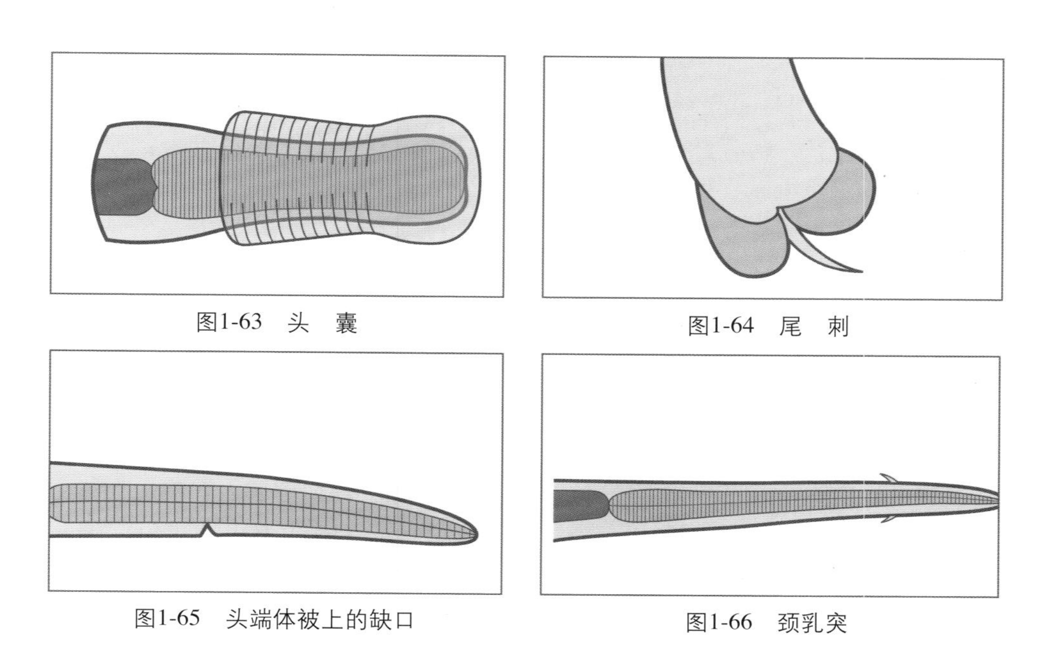

图1-63　头　囊

图1-64　尾　刺

图1-65　头端体被上的缺口

图1-66　颈乳突

线虫在属水平上的鉴定要点

（1）具有头囊

①细颈属线虫（*Nematodirus*）

雄虫具有长、丝状的刺，从囊、双背肋向外突出。

雌虫在尾端具有刺，但巴特斯细颈线虫（*N. battus*）除外。

②古柏特属线虫（*Cooperia*）

雄虫具有厚、扭曲的短刺，一个背肋。

雌虫尾端尖细无刺。

（2）没有头囊

①无颈乳突

毛圆线虫属（*Trickostrongylus*）：在头端具有特征性的体被缺口结构。

②有颈乳突

A. 很大的颈状突：如血矛线虫属（*Haemonchus*）。

雄虫具有不对称呈Y形的背叶。

雌虫具有缠绕肠管的子宫，使虫体呈现螺旋状结构。

B. 颈状突很小甚至不易观察到：奥氏特线虫属（*Osetertagia*）组。

雄虫具有对称的背肋，雌虫无缠绕肠管的子宫：

- 奥斯特线虫属（*Ostertagia*）、背带线虫属（*Teledorsagia*）。
- 雄虫具有呈分支的刺。
- 在成熟雌虫上，可以观察到圆线虫状虫卵，虫卵呈灰色，中等大小[（80 ~ 103）μm×（40 ~ 56）μm]，卵圆形到椭圆形，不太宽，具有一桑葚胚，含有许多小的分裂球，占居整个虫卵或者中心部位。
- 马歇尔线虫属（*Marshallagia*）。
- 雄虫具有不分支的刺。
- 在成熟雌虫上，可以观察到大型虫卵[（160 ~ 200）μm×（67 ~ 110）μm]，两侧平行，一端圆。在虫卵内可见一桑葚胚，分裂球数目16 ~ 32个。

■ 绦虫

绦虫应该放入空间足够大的平皿中，使虫体得以完全展开，避免缠结在一起。绦虫标本的处理过程非常繁琐，在制片前应除去任何引起内容物中虫体消化降解的因素或者原始保存剂。为了达到这一目的，首先对虫体进行仔细清洗，然后进行固定和染色，最后再装片。当虫体大而厚时，则要截取虫体代表性的部分如头节、未成熟片段、成熟片段和孕节（图1-67），然后放在两个玻片之间，用橡皮筋扎紧玻片，利用在玻片上面放置重物等办法来压平虫体。

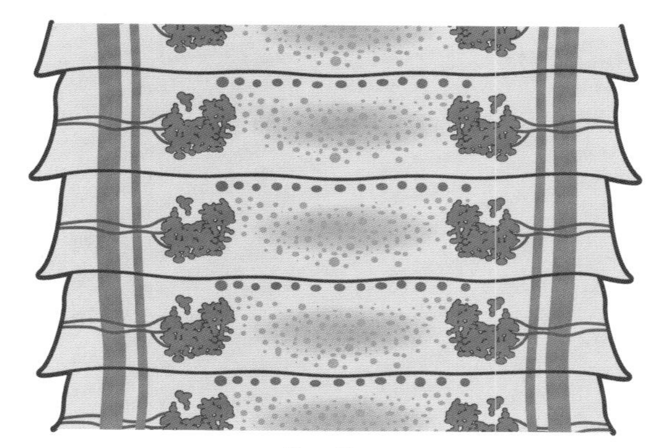
图1-67　莫尼茨绦虫的体节

清洗

小型绦虫应放入自来水中浸泡24h，中间不断换液。如果浸泡尚不能使虫体完全变白和松弛，虫体可用2%～10% H_2O_2做洗涤处理。中等和大型虫体则首先放入锥形烧瓶，用流动自来水冲洗，然后加入胃蛋白酶，38℃温浴10min以上，大多数情况下为24h，直至虫体内器官在体视显微镜下观察时清晰可见。之后，虫体用冰冷的蒸馏水洗涤，用浓度逐渐升高的酒精（20%、30%、50%、65%和70%）做渐进性脱水，每种浓度的酒精脱水10min。

固定

不同大小的虫体均用70%酒精浸泡固定。

染色

透明：在平皿中用醋酸乙醇溶液（1%冰醋酸和70%乙醇等体积混合）浸泡虫体使其透明（小型虫体：1.5h；大型虫体：24h或更长），整个操作过程中要不时在体视显微镜下检查虫体的透明程度。

染色：在醋酸溶液中进行，用乙酰胭脂红染色5 ～ 30min。

脱色：如果虫体染色过深，通过将虫体浸泡在含有冰醋酸和乙醇溶液的平皿中达到使虫体外层脱色的目的，冰醋酸的浓度1%～50%，乙醇浓度为70%，浸泡时间10 ～ 30min，脱色过程中要不断摇动溶液和更换冰醋酸的浓度。一旦脱色完成，虫体要尽快浸泡到70%的乙醇中以中和醋酸。

脱水：为了防止虫体氧化变黑，在平皿中加入一系列不同浓度的酒精浸泡，即分别用80%、90%和无水酒精浸泡，每次10min，最后用异丙醇浸泡5min（因为无水乙醇脱水很快）。

透明：为了使虫体表皮变得透明和内部器官清晰，把虫体放入二甲苯中透明数分钟，最长可达5min。

■ 吸虫

吸虫（图1-68）的处理方法基本上与绦虫相似，即用生理盐水洗涤虫体数次，使虫体释放出已摄入的宿主血液，虽然有时虫体的许多内部器官在固定之前就可观察到，但是洗涤步骤仍然必不可少。固定液可用10%福尔马林，为了防止步标本收缩，要不断摇动固定液。一旦固定结束，应将虫体保存于3%福尔马林溶液中。

图1-68　吸虫基本外观模式

一般地讲，一旦对虫体标本进行过处理，就可将其放置于玻片上，滴加固片液如加拿大树脂、甘油明胶、阿拉伯树胶等，在显微镜下进行观察。有时，标本用透明剂直接固片是有用的，透明剂可使标本保存一段时间，这样标本逐渐变得透明，做好的固片就可以在显微镜下进行观察。如果标本很厚，或者想更清楚地观察虫体的内部结构，需要对标本进行染色。对于蠕虫染色而言，乳酚棉蓝液、埃利希氏苏木精和霍氏三色液等染色液是相当好用的。

寄生于绵羊内脏的寄生虫见表1-7。小反刍动物内脏中蠕虫的主要寄生部位见图1-69。

表1-7　寄生于绵羊内脏的寄生虫（不包括内脏中的蠕虫成虫）

寄生部位		寄生虫种类	
消化器官	食管	原虫	肉孢子虫属（*Sarcocystis*）
	小肠	原虫	艾美耳球虫属（*Eimeria*） 隐孢子虫属（*Cryptosporidium*）
	肝	绦虫中绦期	棘球蚴（Hydatid cyst） 囊尾蚴属（*Cysticercus*）
呼吸系统	鼻窦	节肢动物	狂蝇属（*Oestrus*）
	肺	绦虫中绦期	棘球蚴 囊尾蚴属
循环系统	血液	原虫	巴贝斯虫属（*Babesia*） 泰勒虫属（*Theileria*） 锥虫属（*Trypanosome*）
		吸虫	分体吸虫属（*Schistosoma*）

（续）

寄生部位		寄生虫种类	
神经系统	脊髓和脑	中绦期	多头蚴属（*Coenurus*）
全身性寄生现象	横纹肌、心脏、食管、横膈膜	原虫	肉孢子虫属
		绦虫中绦期	囊尾蚴属
	肌肉和中枢神经系统（CNS）	原虫	弓形虫属（*Toxoplasma*）

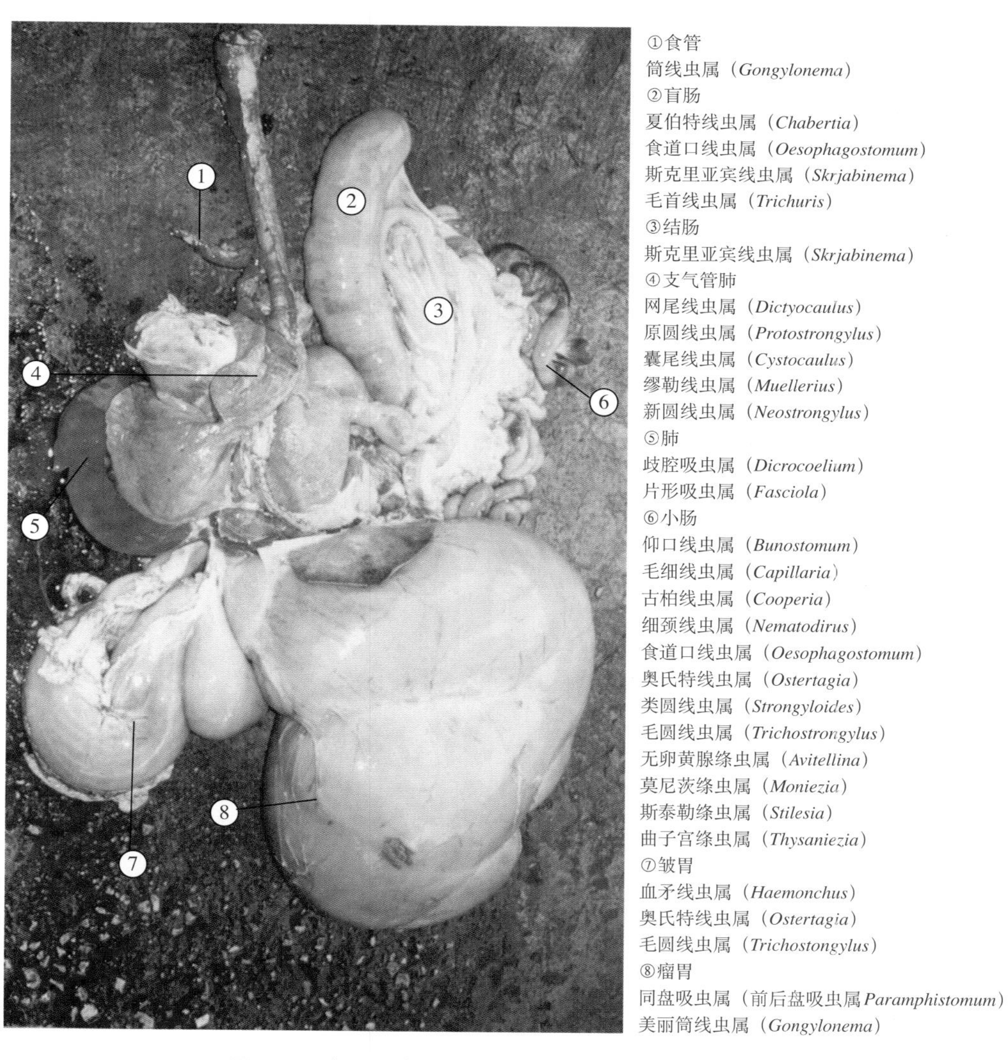

图1-69　小反刍动物内脏中蠕虫的主要寄生部位

第2章 原 虫

原虫为单细胞真核生物，其大小各异（1 ~ 500μm）。根据其运动系统的不同，可将其分为纤毛虫、鞭毛虫、变形虫或顶复门寄生虫四类。顶复门寄生虫种类最多，依据其引起临床症状的不同，分为消化道原虫［隐孢子虫属（*Cryptosporidium*）和艾美耳属（*Eimeria*）］、血液原虫［巴贝斯虫属（*Babesia*）和泰勒虫属（*Theileria*）］和组织原虫［由于弓形虫（*Toxoplasma*）在公共卫生中的重要性使其成为人们最熟知的病原］。寄生原虫生活史非常复杂，具有有性和无性繁殖阶段，高度适应了羊的生理状态。其可运动阶段的虫体，如滋养体，适应在宿主组织和腔道内营寄生生活，但是不能在外界环境中长期存活。为了在外界环境中存活，其发育为具有抵抗力的形态阶段——孢囊或卵囊外包裹一层保护性外膜，内含处于潜伏期的虫体。当环境改变，需要发育时，储备的营养可使它们继续发育，在某些情况下，可完成核增殖。

分类检索结构

原虫分类检索结构见图2-1。

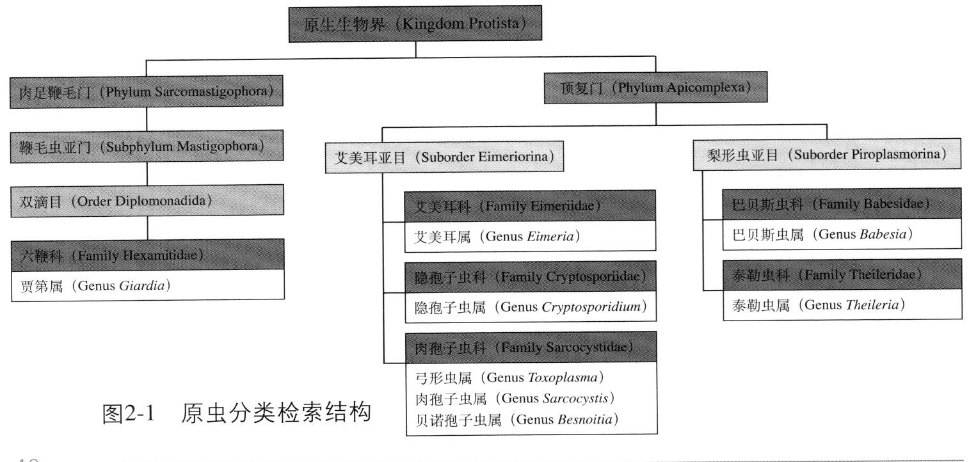

图2-1 原虫分类检索结构

生活史

■ 消化道原虫

球虫的生活史（图2-2）从宿主摄入孢子化的卵囊开始，孢子化的卵囊破裂释放出孢子囊，子孢子一旦被释放，立刻进入肠细胞，并在纳虫空泡内发育为滋养子。艾美耳球虫（*Eimeria*）的未成熟阶段在细胞内发育，而隐孢子虫（*Cryptosporidium*）的在膜内发育。滋养子以裂殖生殖的方式增殖，形成裂殖体。裂殖体内含有许多子代细胞，称之为裂殖子。上皮细胞破裂后，裂殖子入侵新的细胞，重复这一繁殖过程，产生大量裂殖子。在一定的时间点，裂殖子发育成配子体，进行配子生殖。一些发育为大配子体，一些发育为小配子体。小配子体通过裂殖生殖，发育为许多带鞭毛的雄性小配子，大配子体转化为雌性大配子。大小配子融合形成合子，合子由一双层膜包裹后形成未成熟的卵囊（不具感染性），并随粪便排出体外。艾美耳球虫生活史的最后阶段——孢子生殖在宿主体外发生，卵囊发育为由双层膜包裹的结构（内含4个孢囊，每个孢囊内有2个子孢子），并具有感染性。隐孢子虫生活史的三个发育阶段都在

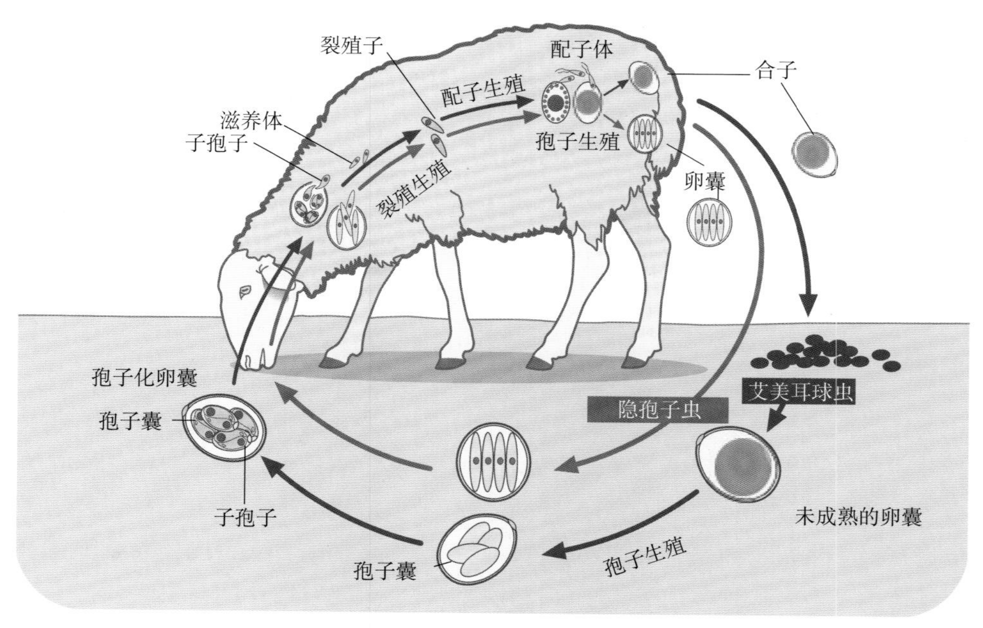

图2-2 消化道原虫生活史

宿主体内完成，孢子生殖在肠上皮细胞内完成，这意味着卵囊（含有4个子孢子）在排出体外时已具有感染性。

■ 血液原虫

巴贝斯虫病-泰勒虫病

它们的生活史（图2-3）是专性异宿主（非同一宿主）的——有性分裂的配子生殖发生于蜱体内（严格意义上其为终末宿主），二分裂的裂殖生殖发生于反刍动物（中间宿主）体内。感染的蜱附着到动物体几天后，唾液腺内的子孢子才能被注入宿主体内。

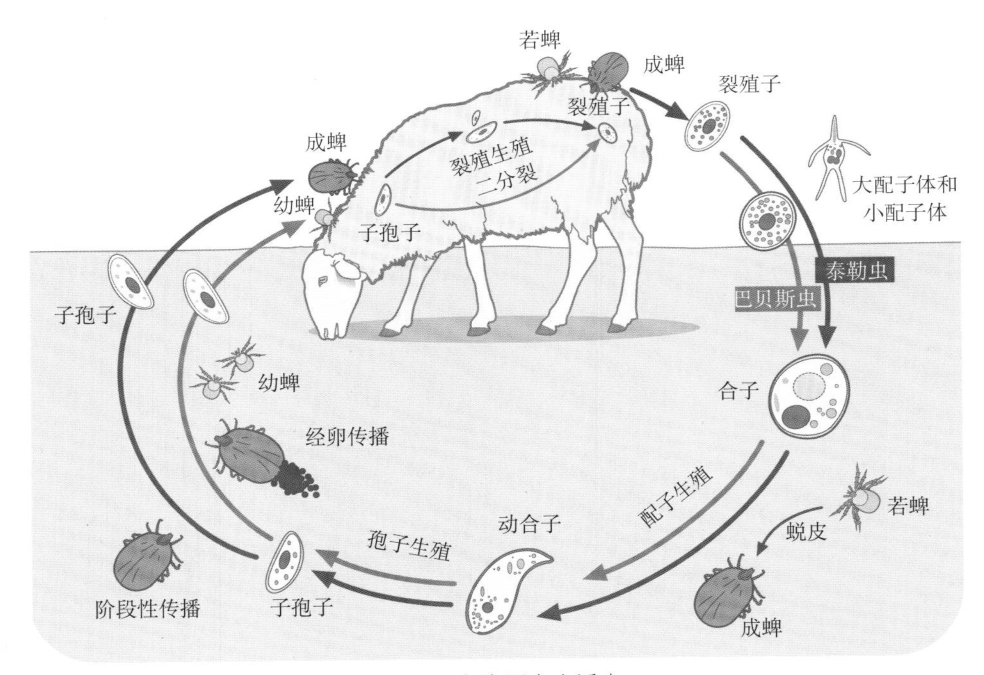

图2-3　血液原虫生活史

巴贝斯虫子孢子侵入红细胞内，以二分裂的方式繁殖，蜱吸血过程中摄入裂殖子，并进入蜱肠管中，发育为大、小配子体。然后经过配子融合，形成动合子。动合子具有运动性，穿过蜱的肠管，经血淋巴进入各个组织，在这些部位进行孢子生殖。如果感染的是雌蜱，将以经卵传播的方式将巴贝斯虫传到子代蜱体内。在子代蜱体内子孢子移行到唾液腺，当蜱叮咬中间宿主时，将子孢子传到中间宿主体内。

泰勒虫子孢子侵入淋巴细胞内，并进行无性繁殖（裂殖生殖），形成两类裂殖体——大裂殖体和小裂殖体，也称之为柯赫氏蓝兰体（Koch's blue bodies）。再经第二次裂殖生殖，形成裂殖子，裂殖子释放，侵入红细胞。当下一阶段的蜱叮咬感染的反刍动物时，这个循环再次发生，摄入的裂殖子进入肠管，发育为大、小配子体——放线体，开始配子生殖，形成动合子，这个发育阶段与蜱的蜕皮阶段的时间重叠。动合子离开肠管，随血淋巴进入各组织。在唾液腺中开始孢子生殖，形成子孢子。下一阶段的蜱叮咬动物时，子孢子被注入另一脊椎动物宿主体内。因此，泰勒虫病的传播方式是阶段性传播，虽然也有可能发生机械性传播。

消化道原虫

■ 微小隐孢子虫（*Cryptosporidium parvum*）

寄生部位：在组织切片中，于肠上皮细胞（尤其在空肠和回肠）的纤毛边界处可观察到滋养体定殖于细胞内而非细胞质之外，从而引起肠绒毛的部分萎缩和融合。

大小：虫体非常小（4 ~ 5μm），随粪便排出的虫体包含4个感染性的子孢子。由于虫体较小，所以检测时需要粪便染色。海涅氏染色（Heine's stain）的卵囊具折光性（负染），背景为紫红色（图2-4）；而萋-尼氏抗酸染色（Ziehl-Neelsen stain）呈不均一的粉红色，而背景为淡蓝绿色（图2-5）。

形态：微小隐孢子虫的卵囊为球形。

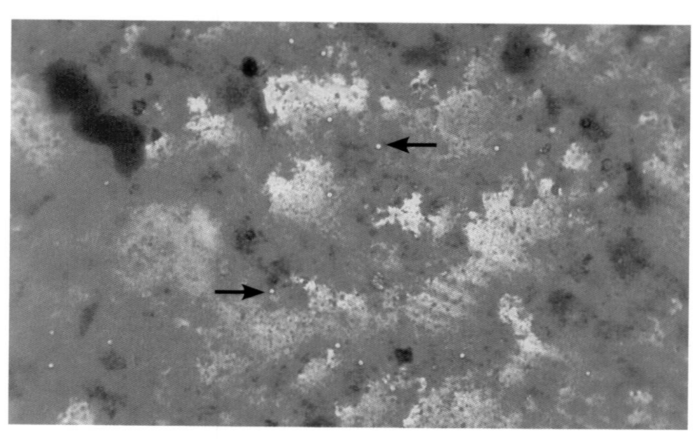

图2-4 海涅氏染色的隐孢子虫

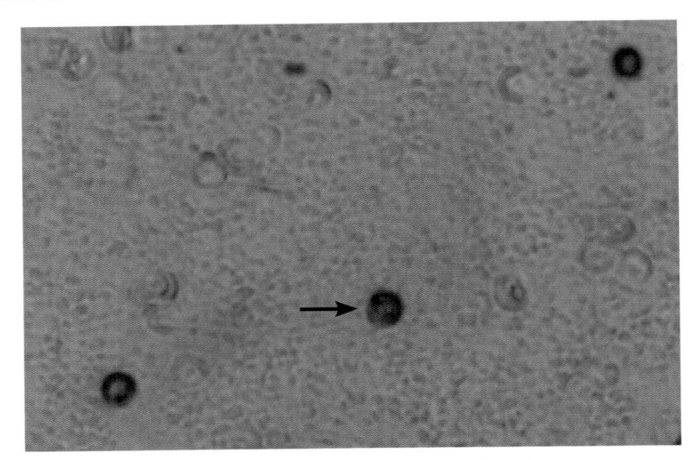

图2-5　萋-尼氏抗酸染色的隐孢子虫

■ 艾美耳球虫（*Eimeria* spp.）

寄生部位：小肠和大肠。

大小：卵囊大小差异较大［(1 ～ 67）μm×（10 ～ 35）μm］。

形态：刚排出的卵囊不具感染性，内含1个合子。合子形态多变，呈球形、亚球形、卵形或椭圆形，大多数种具卵孔和卵孔帽。

单一种的感染罕见，因此在麦克马斯特检测时，可观察到不同种艾美耳球虫未孢子化的卵囊（图2-6）。由于艾美耳球虫的形态差异不明显，很难区分种，所以最好在其孢子化后进行种的鉴定。

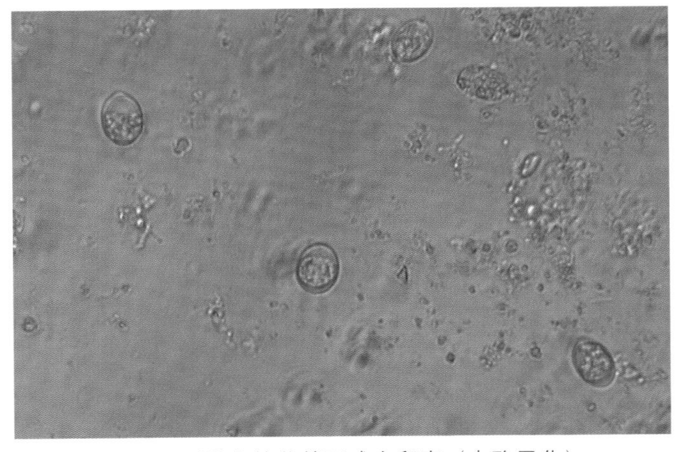

图2-6　刚排出的艾美耳球虫卵囊（未孢子化）

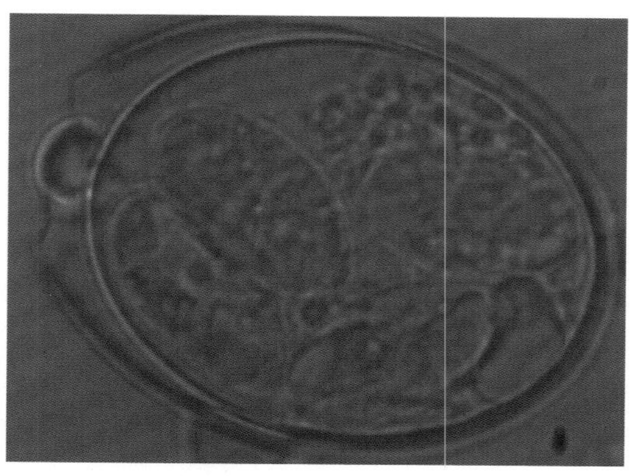

图2-7　刚排出的孢子化的艾美耳球虫卵囊

孢子化的卵囊为“4×2”的结构（内含4个孢子囊，每个孢子囊内有2个子孢子），内部可见极粒和卵囊残体（图2-7）。

孢子囊拉伸，尖的一端可见斯氏体，内含2个子孢子和1个孢子囊残体。子孢子也为伸长形，内含2个空泡和遮光性颗粒，一个很大的空泡在宽端，非常小的空泡在尖端。

虽然人们熟知的艾美耳球虫的形态为卵囊，但是在刮取物或组织切片中，尤其在回肠、盲肠和结肠，肠细胞核的附近可见不同发育阶段的虫体：内含裂殖子的裂殖体、大小配子、合子和卵囊。

■ 肠（蓝氏或十二指肠）贾第虫 [*Giardia intestinalis* (*lamblia* or *duodenalis*)]

寄生部位：肠道。

大小：滋养子大小（12 ~ 15）μm×（6 ~ 8）μm。

形态：滋养子（图2-8）呈梨形，左右对称，背面隆突，腹侧有一凹陷的吸盘使其可以吸附于小肠绒毛上。具2个卵形核、1个伪足轴、1对中体和4对特征性的鞭毛，该寄生虫形态呈梨形。

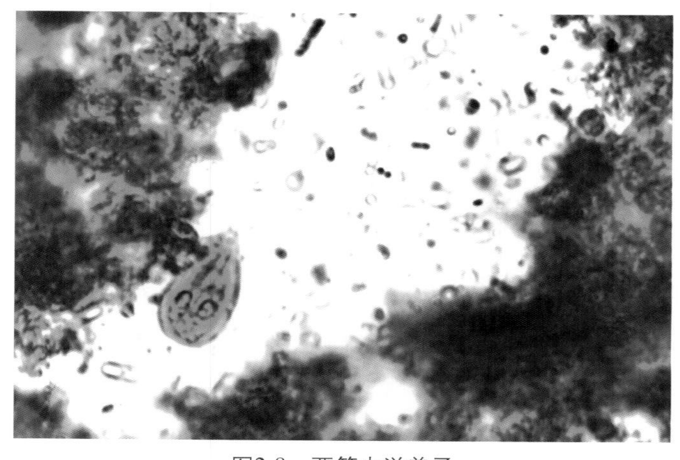

图2-8　贾第虫滋养子

包囊（图2-9）呈椭圆形，很小，为（8 ～ 12）μm×（5 ～ 8）μm。包囊壁具折光性，外部具7 ～ 20根鞭毛。胞质内有8根鞭毛轴丝、6根中心轴丝和2根外侧轴丝。未成熟或刚刚形成的包囊有2个核，成熟的包囊有4个核。核仁位于中心或偏中心部位，核膜无外周染色质。

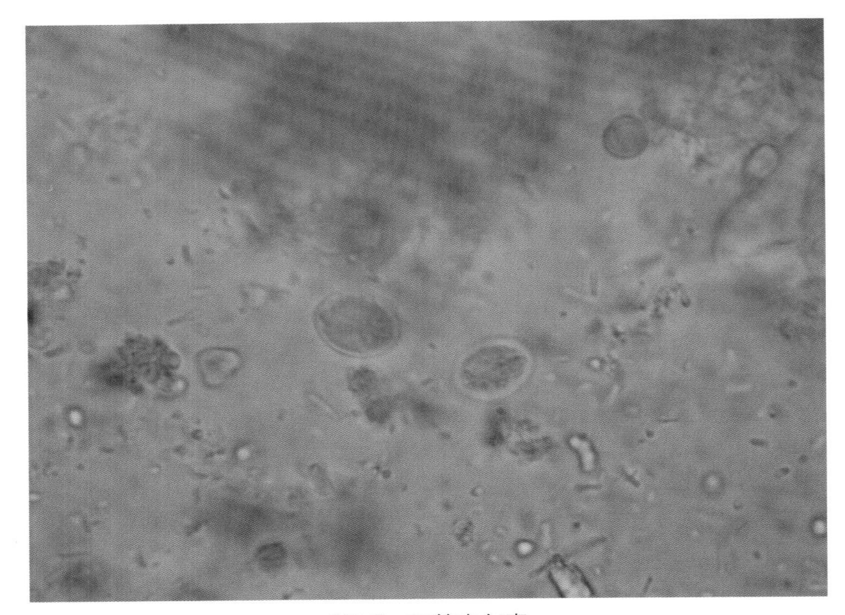

图2-9　贾第虫包囊

血液原虫

检测到蜱叮咬并伴有发热时，就可怀疑血液原虫感染（图2-10）。梨形虫病是由寄生于单核巨噬细胞系统、淋巴细胞和/或红细胞内的泰勒虫属（*Theileria*）或专一性寄生于红细胞内的巴贝斯虫属（*Babesia*）的原虫引起的寄生虫病。这些寄生虫是由媒介蜱传播的，如囊形扇头蜱（*Rhipicephalus bursa*）传播绵羊巴贝斯虫（*B. ovis*），刻点血蜱（*Haemaphysalis punctata*）传播莫氏巴贝斯虫（*B. motasi*），璃眼蜱（*Hyalomma*）传播莱氏泰勒虫（*T. lestoquardi*），扇头蜱（*Rhipicephalus*）和革蜱（*Dermacentor*）传播绵羊泰勒虫（*T. ovis*）。

图2-10 检测到蜱叮咬并伴有发热时，就可怀疑血液原虫感染

■ 巴贝斯虫（*Babesia*）

寄生部位：红细胞。

大小：绵羊巴贝斯虫裂殖子较小（1 ~ 2.5μm），通常呈圆形，有时呈梨形，成对虫体夹角为钝角。莫氏巴贝斯虫裂殖子（图2-11）较大（2.5 ~ 5μm），通常呈梨形，为单个或夹角为锐角的成对虫体。

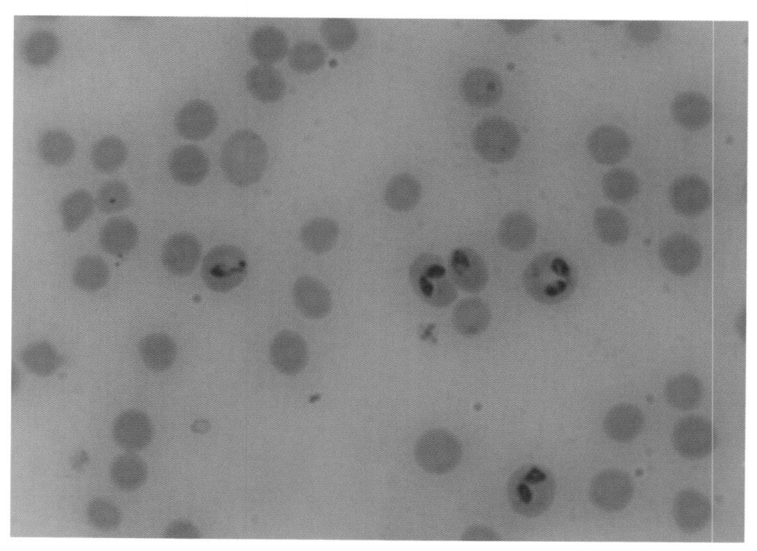

图2-11 莫氏巴贝斯虫裂殖子

形态：采集血样后立刻制备薄血涂片，并用全色染色技术染色，可能会在红细胞内（通常位于红细胞边缘）发现各种形态（梨形、卵形、阿米巴形和圆形）的裂殖子。

■ 泰勒虫（*Theileria*）

寄生部位：常见于红细胞内，有时可在巨噬细胞、单核细胞和淋巴细胞（B细胞和T细胞）内见到裂殖体。裂殖体是多核的，可分为两种类型：大裂殖体（内含20 ～ 50个染色质颗粒）和小裂殖体（内含50 ～ 150个染色质颗粒）。

大小：莱氏泰勒虫（或称山羊泰勒虫，*T. hirci*）裂殖子较小，呈圆形（0.6 ～ 4μm），2个一组或4个一组（马耳他十字交叉状）。裂殖体大小为4 ～ 10μm，具有80个染色质颗粒。虽然近来的研究确认绵羊泰勒虫（图2-12）与莱氏泰勒虫不同，但是它们的形态特征基本相似。

形态：在患病羊发热期采集血样，制备薄血涂片，姬姆萨染色，就可观察到多形态［圆形、梨形、卵形、环形（图2-13）、棒状和逗点形］的裂殖子（0.5 ～ 2.7μm）。

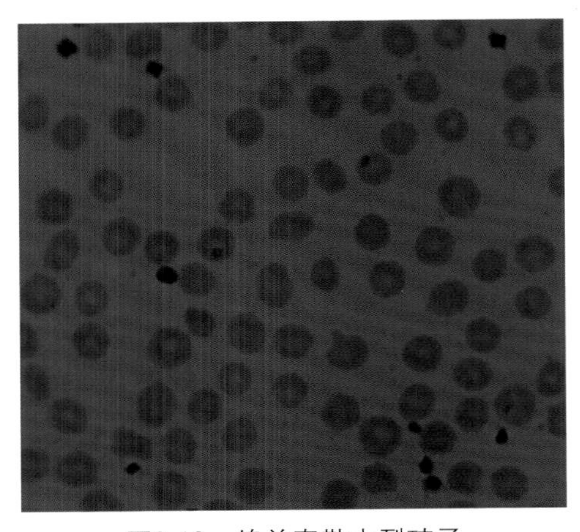

图2-12　绵羊泰勒虫裂殖子

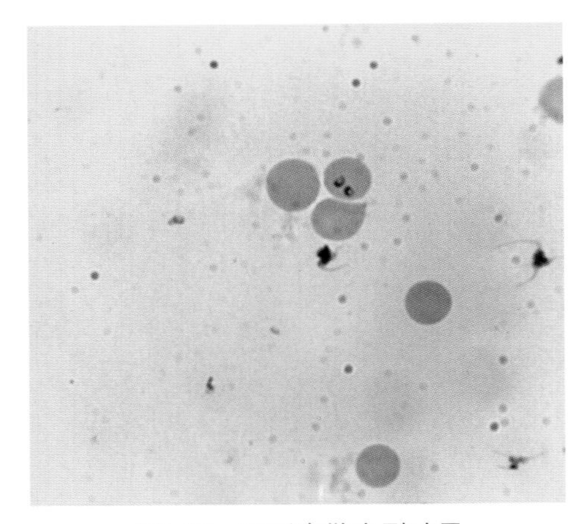

图2-13　环形泰勒虫裂殖子

组织原虫

这些顶复门原虫在形态和生物学方面与典型的消化道球虫相似，引起全身性疾病，其主要的特征是可在不同的组织和器官中形成包囊。

■ 刚地弓形虫（*Toxoplasma gondii*）

羊弓形虫病起初表现假性包囊，当宿主免疫系统被激活后，可在各种部位出现包囊（图2-14）。出现任何繁殖问题，应考虑弓形虫感染并控制牧场的猫（图2-15）。

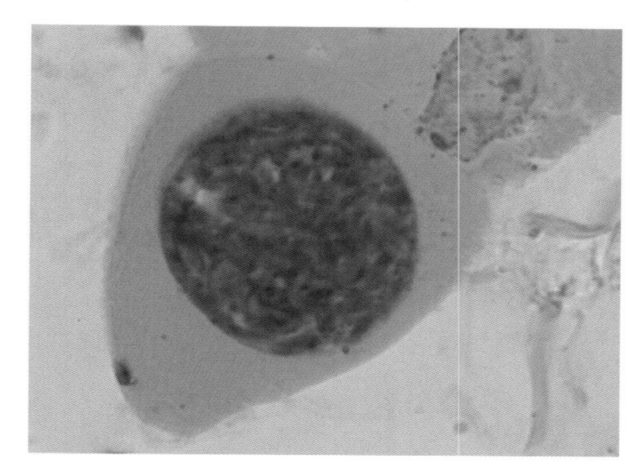

图2-14　弓形虫包囊

寄生部位：在小肠上皮、淋巴神经节、血液和胎盘，可见到空泡内（胞内生殖）的假性包囊，假性包囊内含胞内速殖子（6μm×2μm）。

大小和形态：在骨骼肌和心肌、眼和脑内，可见到5～100μm大小，具有弹性壁，内含4到数百个裂殖子（6μm×2μm）的球形胞内包囊。在终末宿主猫体，可见到随粪便排出的椭圆形卵囊［(11～13）μm×（9～11）μm］，孢子化的孢子为等孢子形态（两个孢子囊内各具有4个子孢子）。

图2-15　出现任何繁殖问题，应考虑弓形虫感染并控制牧场的猫

■ 肉孢子虫（*Sarcocystis*）

寄生部位：在食管和骨骼肌中可见大包囊，在随意或非随意横纹肌（食管、心脏、舌、膈肌、肋间肌）中检查旋毛虫时，可见到小包囊（图2-16）。感染羊的肉孢子虫种主要为猫绵羊肉孢子虫（*Sarcocystis ovifelis*）［同物异

名：巨型肉孢子虫（*S. gigantea*）］和犬绵羊肉孢子虫（*S. ovicanis*）[同物异名：柔嫩肉孢子虫（*S. tenella*）]。其终末宿主分别为猫和犬，终末宿主排出等孢卵囊。

大小和形态：肉孢子虫形成大、小两种包囊，肌肉内的肉孢子具孢子壁，大小差异较大（40 ～ 200μm），灰白色，呈管状、球状或椭圆形；内含许多正在分裂的子孢子，大多位于外周，孢子壁由4层膜组成，膜自身粘连，由宿主组织形成。

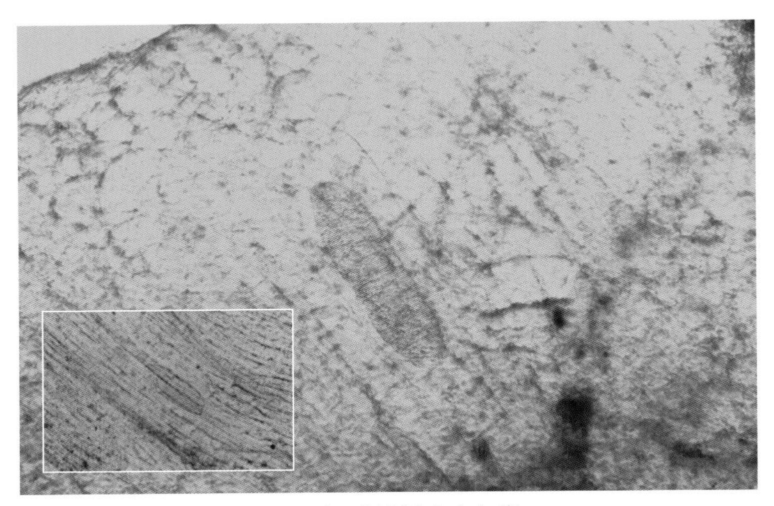

图2-16　肉孢子虫小包囊

第3章 吸 虫

作为器官内的寄生虫，吸虫（Trematodes）的体型完全适应它们的寄生环境。在吸虫头端有富含肌肉的口吸盘，吸盘内是口腔，紧随其后的是含肌肉的短小的咽，以及一个分叉成两个盲端的小肠。由于吸虫没有肛门，因此盲肠中的废弃物必须通过呕吐排出体外。口吸盘下面是腹吸盘，其作用是将虫体固定于宿主组织上。

除分体属吸虫是雌雄异体（独立性别）外，大多数吸虫都是雌雄同体，并且拥有雌性和雄性生殖系统。因此，自体受精比异体受精更常见。

分类检索结构

吸虫分类检索结构见图3-1。

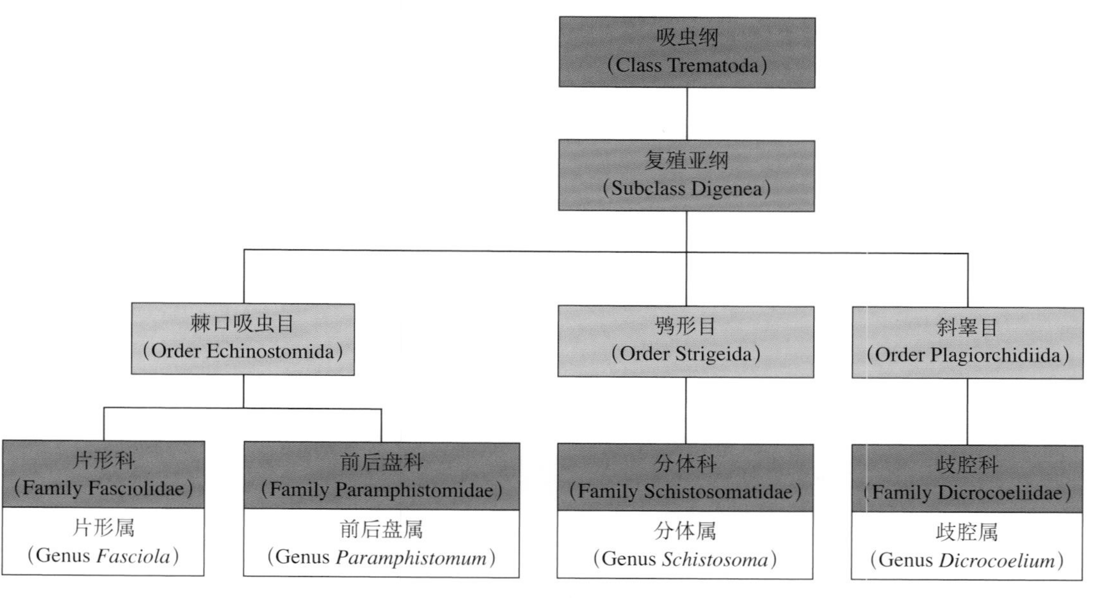

图3-1 吸虫分类检索结构

生活史

■ 矛形歧腔吸虫（*Dicrocoelium dendriticum*）

终末宿主体内寄生阶段

蚂蚁作为矛形歧腔吸虫第二中间宿主，可附着于牧草等植物上，当在黎明或黄昏放牧时，反刍动物食入寄生有囊蚴的蚂蚁即可被感染。当囊蚴到达小肠，即可脱囊，并通过胆管移行至肝脏，在肝脏经过几周可发育至成虫。成虫在胆管内产卵，虫卵通过胆总管到达小肠，然后随反刍动物的粪便排出体外（图3-2）。

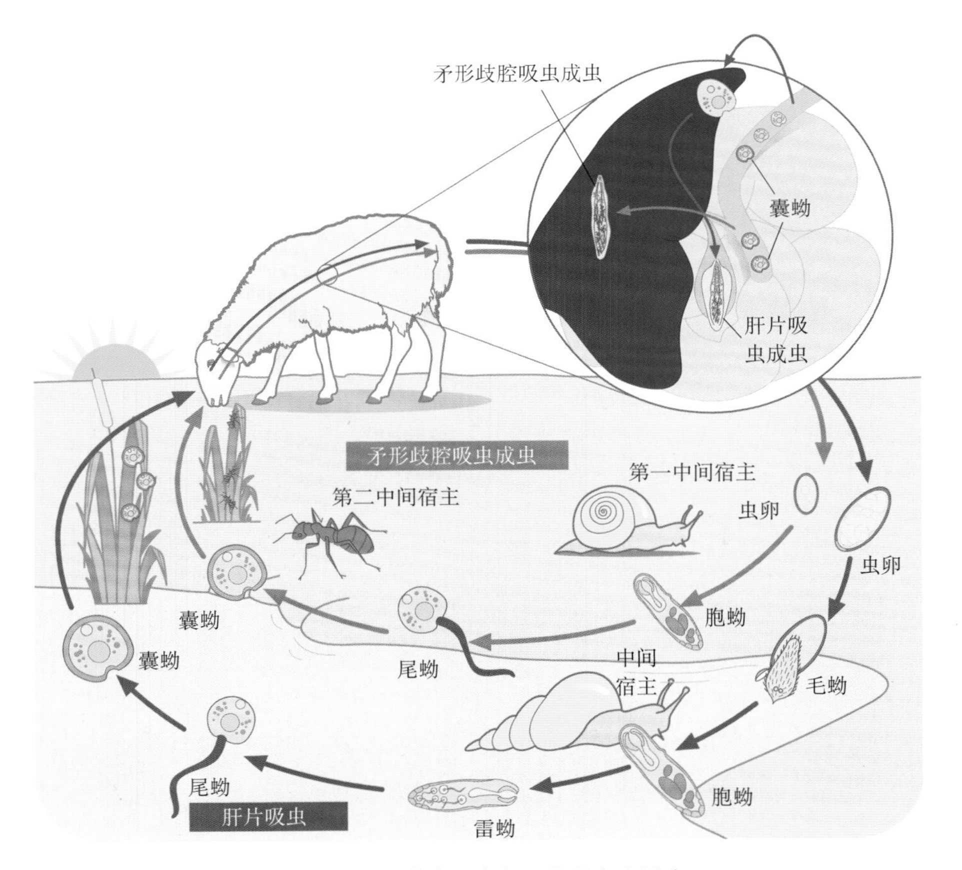

图3-2　矛形歧腔吸虫和肝片吸虫生活史

终末宿主体外寄生阶段

随粪便排出体外的矛形歧腔吸虫虫卵被中间宿主（陆地螺，如大蜗牛属*Helicella*，白蜗牛属*Cernuella* sp.）摄入后，虫卵在螺体内孵化为毛蚴，毛蚴随即移行至其肝胰腺处，形成母胞蚴和子胞蚴（没有雷蚴阶段）。胞蚴的后代再产生的尾蚴，集聚于螺呼吸室的黏液球内，每个黏液球含有200～400尾蚴。黏液球被螺排出后黏附于植物上，从而被第二中间宿主（蚂蚁，蚁属*Formica* sp.）食入，在蚂蚁腹腔的嗉囊中，尾蚴运动，并脱去尾巴，大多数尾蚴仍然留在血腔内，但一些尾蚴可移行至蚂蚁全身各处。一些尾蚴可到达蚂蚁的胸腔内，但仅有一个尾蚴可穿过蚂蚁咽下的神经节，移行至蚂蚁头部。尾蚴在40d内成囊，变成囊蚴。在咽下神经节的单个虫体有所差异，并且保持一定的运动和毒性。因此，这些寄生虫的寄生能改变蚂蚁的行为，其结果是受感染的蚂蚁在傍晚气温下降时不能返回巢穴。相反，这些蚂蚁会爬上牧草，通过紧咬下颌将自己附着于牧草上，无力地悬浮于牧草的茎叶上，度过整个夜晚。第二天清晨（假如它们没有被吃掉），当气温升高时，它们的下颌又开始活动，蚂蚁继续它们正常的周期性行为。

■ 肝片吸虫（*Fasciola hepatica*）

终末宿主体外寄生阶段

成虫寄生于终末宿主的胆管内，产生具有卵盖的虫卵，随宿主粪便排出体外。虫卵与水接触后即开始孵化并释放出毛蚴，毛蚴在水中游动，寻找合适的中间宿主——截口土螺（*Lymnaea truncatula*），然后主动进入螺体内。在螺的食管周围区，毛蚴转变成胞蚴，在胞蚴囊内再形成一代或两代雷蚴，雷蚴发育形成具有尾巴的尾蚴，然后尾蚴离开螺体在水中泳动，直到遇到水草等植物。在水草上尾蚴脱去尾巴，结囊，并且转变成囊蚴（图3-2）。

终末宿主体内寄生阶段

终末宿主经口摄入黏附肝片吸虫囊蚴的水生植物（草本植物和西洋菜）而被感染。囊蚴在反刍动物的消化系统内脱囊，穿过十二指肠壁，经过腹腔，到达肝被膜，然后通过打孔穿越肝实质，最后到达肝胆管，并在胆管中发育为成熟的肝片吸虫成虫。

肝片吸虫（*Fasciola hepatica*）

寄生部位：肝脏（图3-3）。

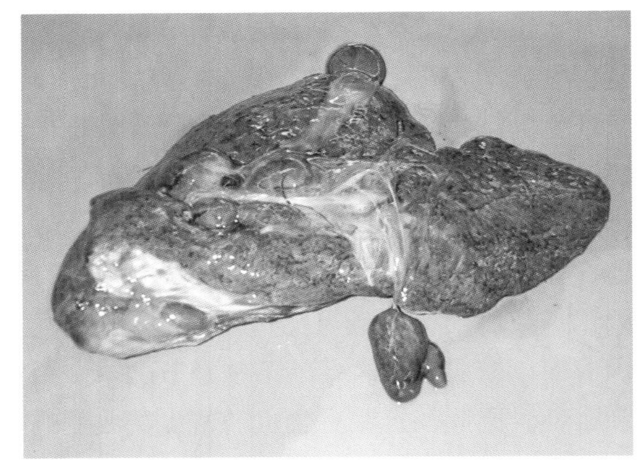

图3-3 感染片形吸虫的羊肝脏

大小和形态：肝片吸虫的命名源自虫体的形状类似于树叶。成虫虫体的大小为30mm × 13mm（图3-4），表面覆盖有显微镜下可见的脊，这些脊一定程度上与肝片吸虫的致病性有关。口吸盘开口于虫体前端。在所谓的头锥处，虫体变宽形成“肩”部，腹吸盘位于该处。自“肩”部开始，虫体的宽度逐渐变小。从胆管中刚刚收集的虫体颜色呈灰白色或褐绿色，将虫体展开后可观察到充满血的盲肠。将虫体置于生理盐水中，引起其肠内容物回流，可能可以观察到其他内部结构。盲肠高度分支，可达到虫体后端。两个

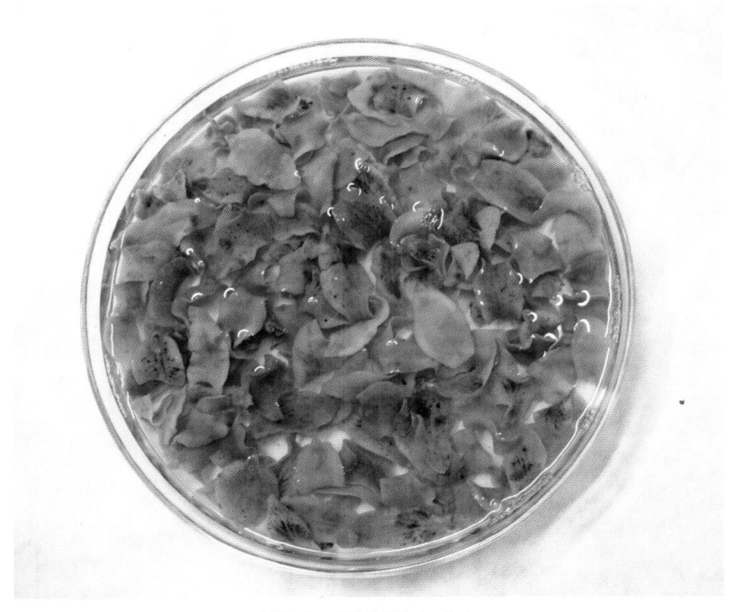

图3-4 肝片吸虫成虫

睾丸和卵巢也高度分支，睾丸位于虫体的中部，而卵巢则位于睾丸前的右侧面。卵黄腺在虫体的侧面，并且有很细小的导管，汇合成两支横向的管道，两个管道在虫体中央汇合，开口于在卵模终止的卵黄囊。

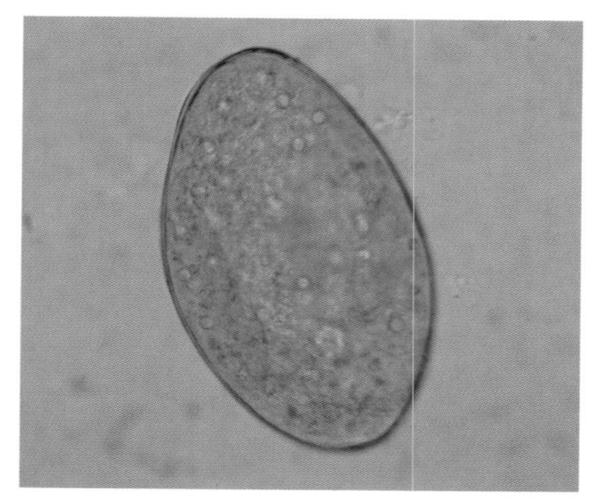

图3-5 肝片吸虫虫卵

随粪便排出体外的虫卵（图3-5）尚未形成毛蚴，因此内容物充满整个虫卵，内部结构不易分辨。虫卵很大［(130 ～ 150) μm×（70 ～ 90) μm］，呈椭圆形，一端有透明的卵盖。卵壳呈黄色，这是肝片吸虫虫卵与其他羊寄生虫虫卵相区别的一个特征。

矛形歧腔吸虫（*Dicrocoelium dendriticum*）

寄生部位：肝脏。

大小和形态：成虫（图3-6、图3-7）形态与肝片吸虫相似，但比肝片吸虫小，而且窄［(6 ～ 12) mm×（1.5 ～ 2.5) mm］。虫体看起来更透明，可以清楚观察到内部器官。虫体体表光滑，口吸盘小于腹吸盘（图3-8、图3-9），

图3-6 矛形歧腔吸虫成虫（1）

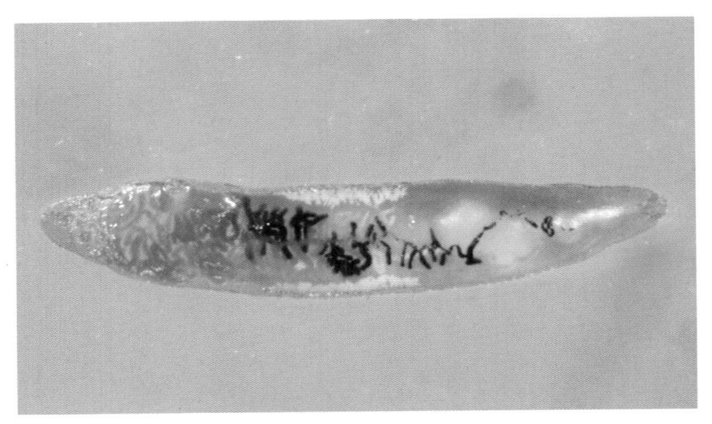

图3-7　矛形歧腔吸虫成虫（2）

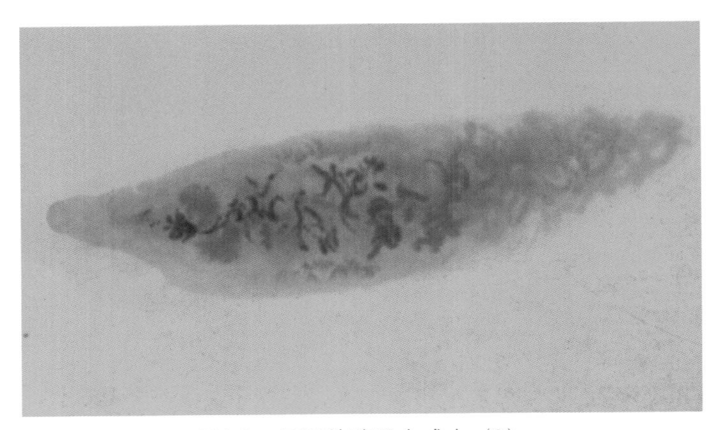

图3-8　矛形歧腔吸虫成虫（3）

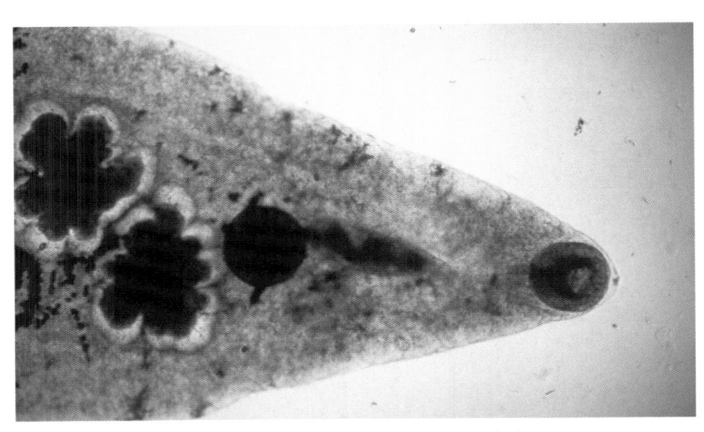

图3-9　矛形歧腔吸虫成虫的前端

睾丸有轻微分叶，排列于腹吸盘之后。卵巢呈球形，位于睾丸的后部，子宫很大，弯曲，容易看到内部的虫卵。卵黄腺仅位于虫体中部两侧。

虫卵（图3-10）大小为（38 ~ 45）μm×（22 ~ 30）μm，较小，椭圆形，偶尔稍微不对称。几乎看不到棕色的卵盖。虫卵随粪便排出时已形成胚胎。因此，尽管卵壳呈棕色，但其内部的毛蚴很明显，在虫体一端可看到两个生发点。

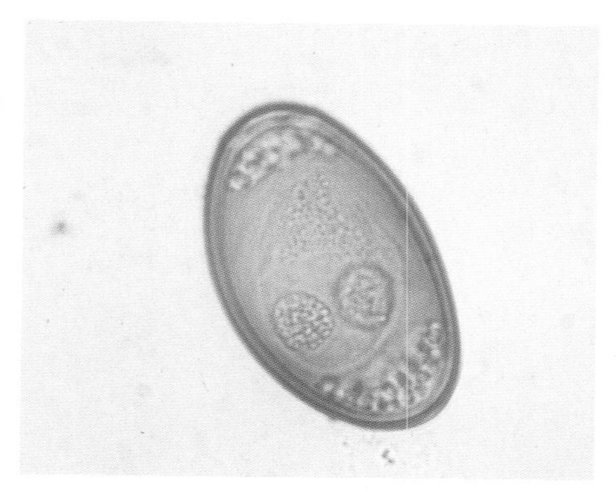

图3-10 矛形歧腔吸虫虫卵

鹿前后盘吸虫（*Paramphistomum cervi*）

寄生部位：瘤胃。

大小和形态：成虫（图3-11）呈圆锥形或梨形，粉色，大小为12 ~ 14mm，有两个吸盘，口吸盘和腹吸盘。腹吸盘几乎位于虫体的末端，与歧腔吸虫一样，睾丸有轻微分叶，排列于虫体中部，卵巢之前。卵黄腺沿整个虫体的侧面分布。

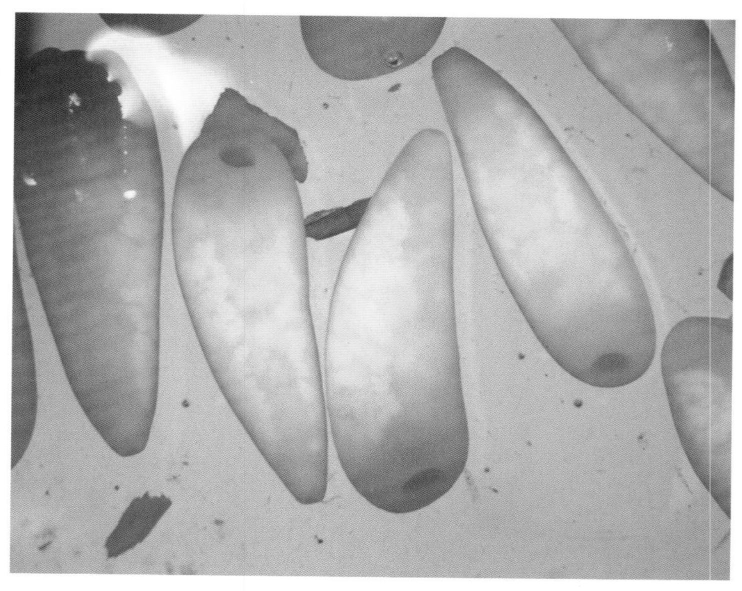

图3-11 鹿前后盘吸虫成虫

虫卵（图3-12）大小为（125 ~ 180）μm×（75 ~ 103）μm。尽管虫卵稍大，无色，但与片形吸虫虫卵几乎无法区别。

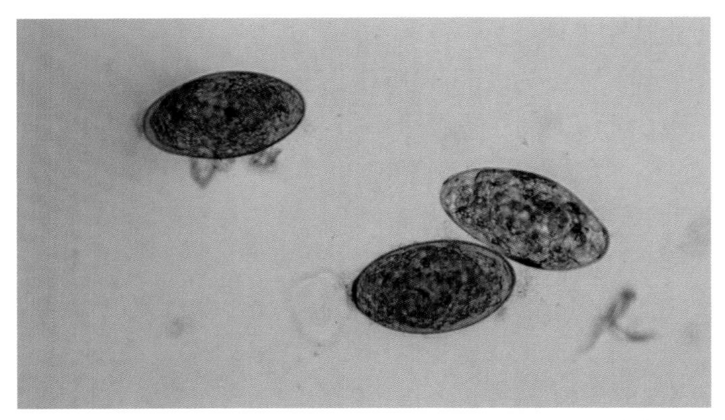

图3-12　鹿前后盘吸虫虫卵（白色）和肝片吸虫虫卵（黄色）

牛分体吸虫（*Schistosoma bovis*）

寄生部位：肠系膜门静脉。

大小和形态：成虫（图3-13）大小为5 ~ 30mm，其特征是虫体形态伸长（类似于线虫），这是由于虫体对宿主血管的适应导致的。血吸虫雌雄异体，雄

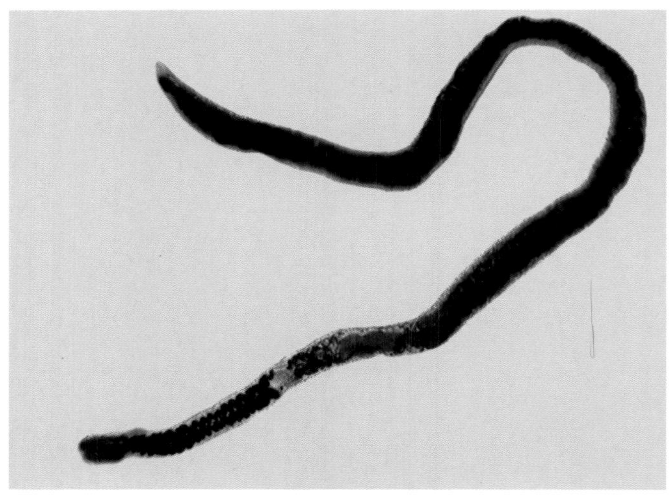

图3-13　分体吸虫

虫（图3-14）扁平，较粗，沿体长腹面有一抱雌沟或肛门沟，该沟较细长，呈圆柱形，雌虫（图3-15）被抱在沟内。

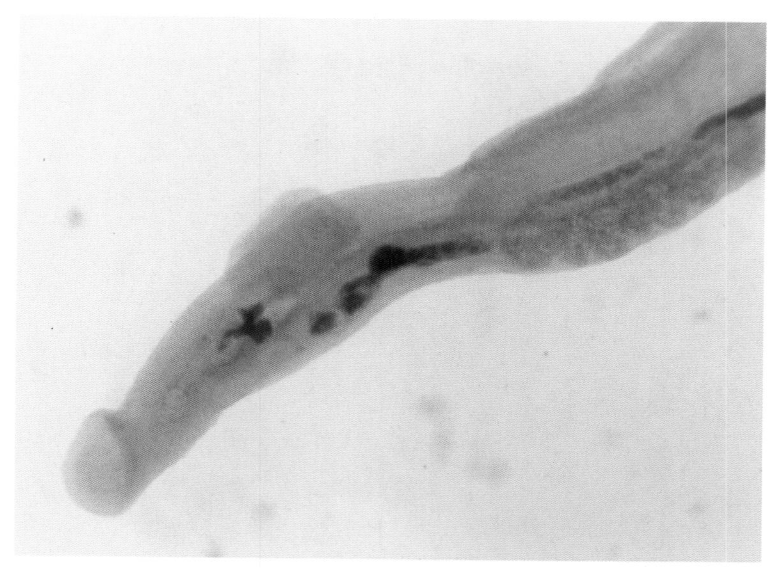

图3-14 分体吸虫雄虫

图3-15 分体吸虫雌虫

虫卵（图3-16）大小为（132 ～ 247）μm×（38 ～ 60）μm，呈梭形，稍大，通常指向一极，虫卵产生时即有毛蚴形成。与牛其他吸虫卵相区别的特征是在一端有一端棘。

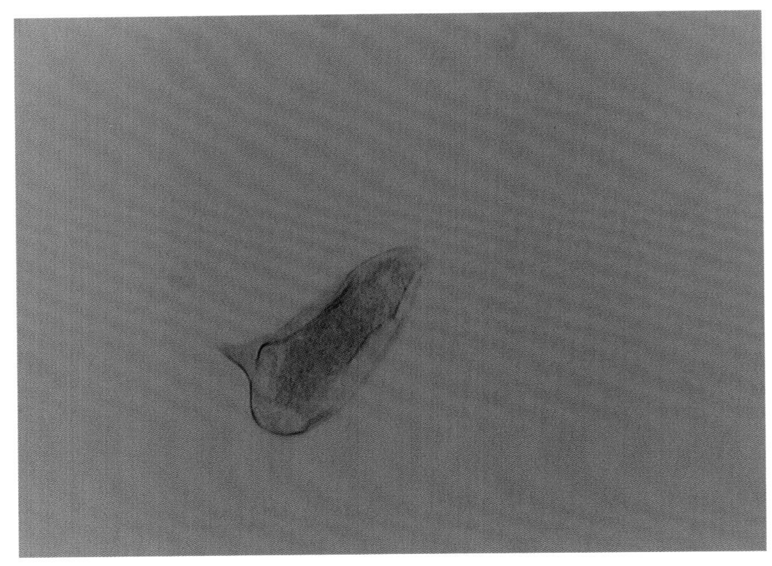

图3-16　分体吸虫虫卵

第4章　绦　虫

绦虫是一类背腹扁平的蠕虫，虫体细长、带状、分节，无色素沉积。雌雄同体，无体腔，无消化管。体长数毫米至几米。绦虫为内寄生虫，生活史为间接发育型，需要1个或者2个中间宿主。虫体由头节、颈节和链体组成。

头节呈球形，位于虫体前端，具有附着性结构包括吸盘或者纵向的吸槽（吸沟）。个别虫体的头节拥有一个额外的结构即顶突，通常分布有小钩。

颈节为生长区，较短，不分节，位于头节和链体之间。

链体由一系列的节片即体节组成。颈节或者生长区发育出体节，新节片不断成熟，离头节愈远节片愈老。每一节片含有1套或者2套生殖器官。根据生殖器官的发育程度可以将体节分为3种类型：未成熟体节（不含有分化的性器官）；成熟体节（含有已分化的雌、雄生殖器官）；孕节（只含有充满虫卵的子宫）。

对于绵羊而言，区分由成虫引起的绦虫病和由中绦期（蚴）引起的绦虫蚴病是十分必要的，感染绦虫蚴病的绵羊自身并非终末宿主而是中间宿主。

分类检索结构

绦虫分类检索结构见图4-1。

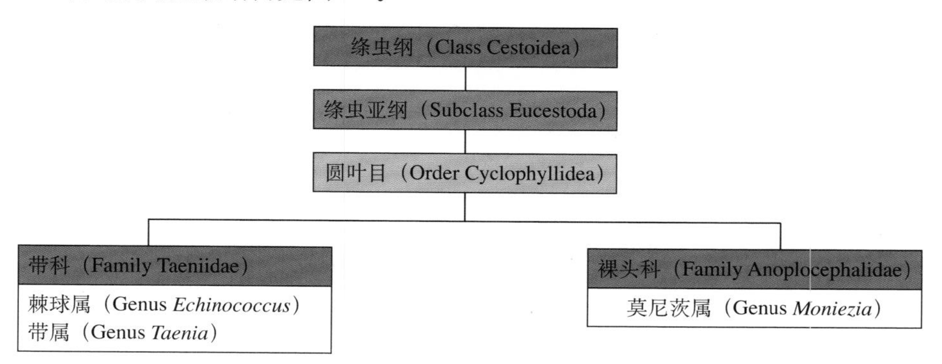

图4-1　绦虫分类检索结构

生活史

■ 莫尼茨属（*Moniezia*）

终末宿主体内寄生阶段

当反刍动物啃食附着有似囊尾蚴感染甲螨的牧草时会遭受感染。在反刍动物肠道内，似囊尾蚴首先从甲螨体中释放出来，然后其虫体前端即原头节附着于肠壁，开始发育，直至发育为成虫。绦虫在反刍动物体内发育需要1 ~ 2个月。位于成虫末端的成熟节片随粪便排出宿主体外。在外界，节片破裂，节片内的虫卵被释放出来，虫卵内含有一个六钩蚴胚胎或者六钩蚴（图4-2）。

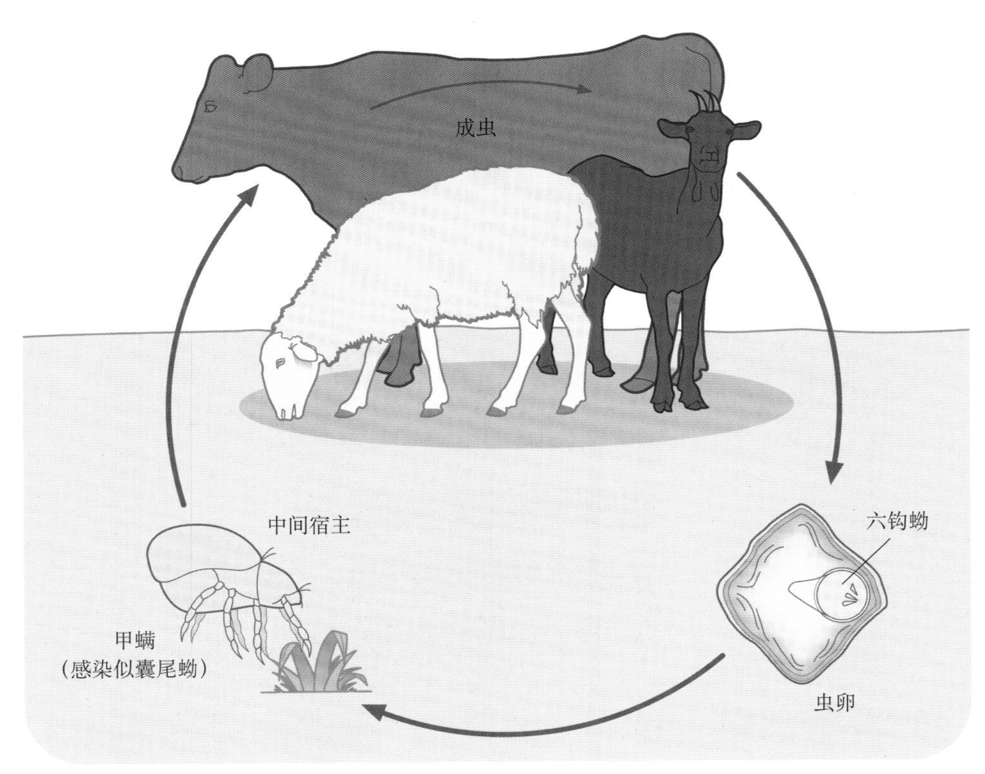

图4-2　莫尼茨绦虫生活史

终末宿主体外寄生阶段

虫卵被螨类摄食（自由生活的螨类喜欢潮湿的环境，如草原上的草地、苔藓或者石块下面），六钩蚴从卵壳中被释放出来，穿过螨的肠壁，到达体腔，在此经过2 ～ 6个月发育为似囊尾蚴。

■ 棘球属（*Echinococcus*）和带属绦虫（*Taenia*）（中绦期）

绦虫蚴在反刍动物中的生活史

中间宿主通过接触粪便摄入虫卵而遭受感染。在胃部，蛋白酶消化卵壳，卵壳中的六钩蚴释出，六钩蚴上的小钩外翻，穿透肠壁，达到小淋巴管或血管，再穿过管壁扩散到周围脏器，包囊或囊尾蚴寄生部位依虫种而定（图4-3）。

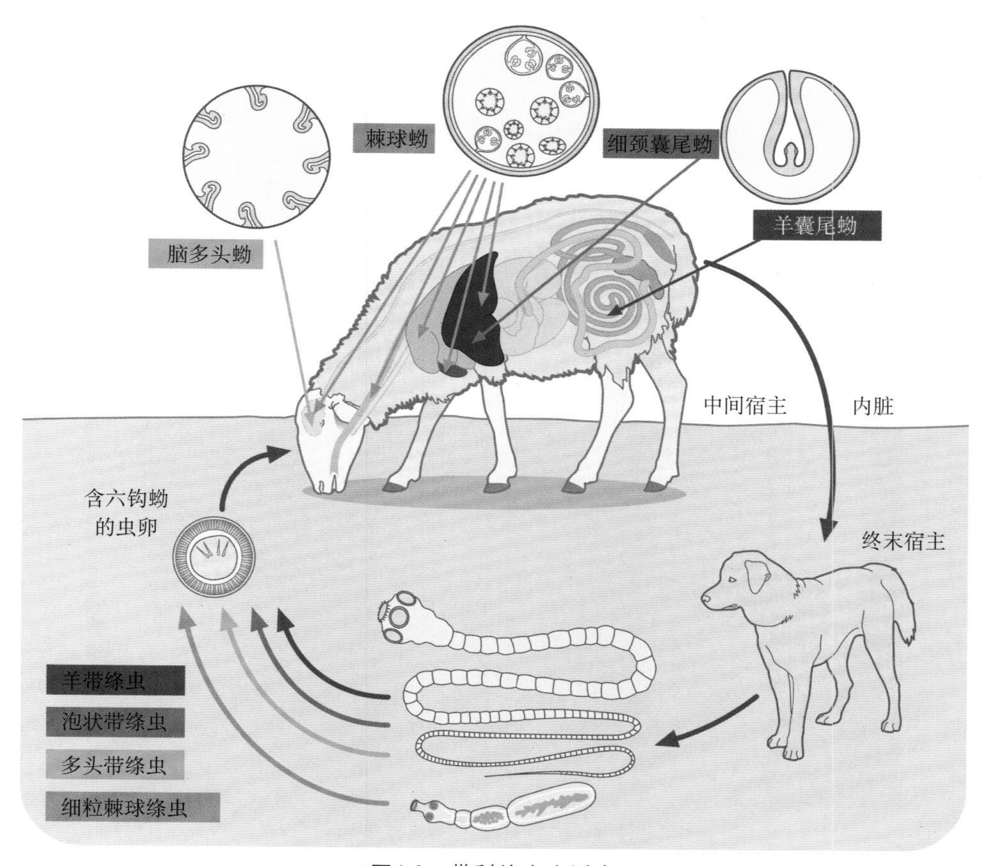

图4-3　带科绦虫生活史

成虫在犬中的生活史

犬成为终末宿主是由于食入带有中绦期包囊的中间宿主脏器而遭受感染。包囊内或囊壁上含有活的原头蚴。原头蚴从包囊释出，吸附于肠壁，然后发育为成虫。当孕节从成虫脱落时，虫卵到达外界，或者随粪便排出体外。

扩展莫尼茨绦虫（*Moniezia expansa*）

大小：体长可达6m，孕节短而宽，虫体呈丝带状。

形态学：具有无顶突的头节，体节宽度大于长度，每一体节含两套生殖器官，每一侧有一生殖孔。每一体节（图4-4）后缘横向排列有节间腺。

特征性虫卵：中等大小（50 ~ 60μm），三角形，具一厚且有折射性的包囊，六钩蚴位于卵的中间，六钩蚴周围包裹有梨形器。用麦克马斯特技术进行虫卵计数时，操作人员可能会观察到贝氏莫尼茨绦虫（*Moniezia benedeni*）虫卵，形态与扩展莫尼茨绦虫虫卵（图4-5）相似，但虫卵呈四方形。莫尼茨属绦虫虫卵长期在生理盐水中可能会膨胀（图4-6）。

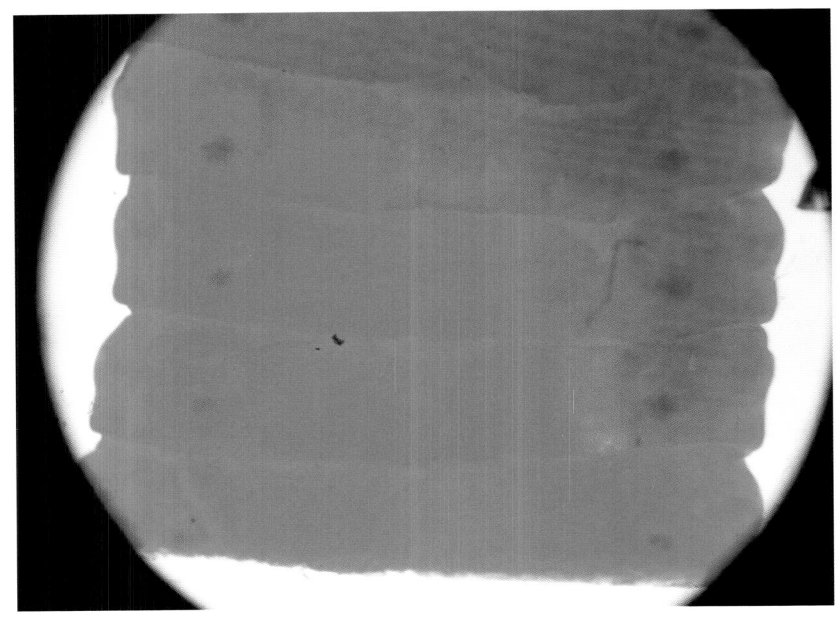

图4-4　扩展莫尼茨绦虫的体节

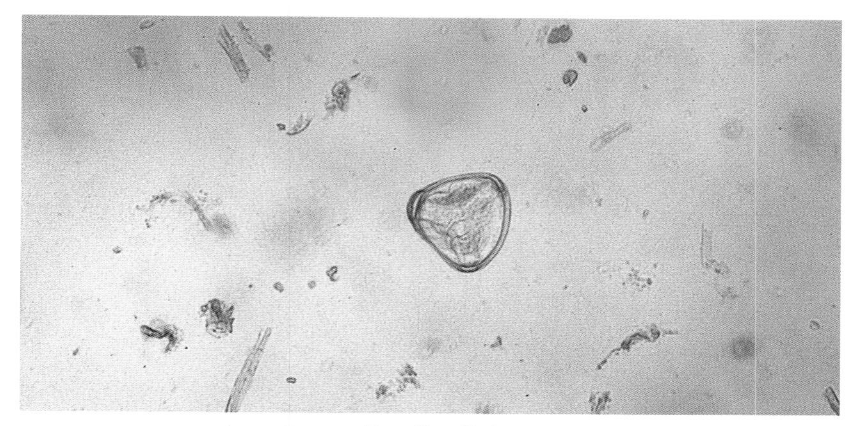

图4-5 扩展莫尼茨绦虫虫卵

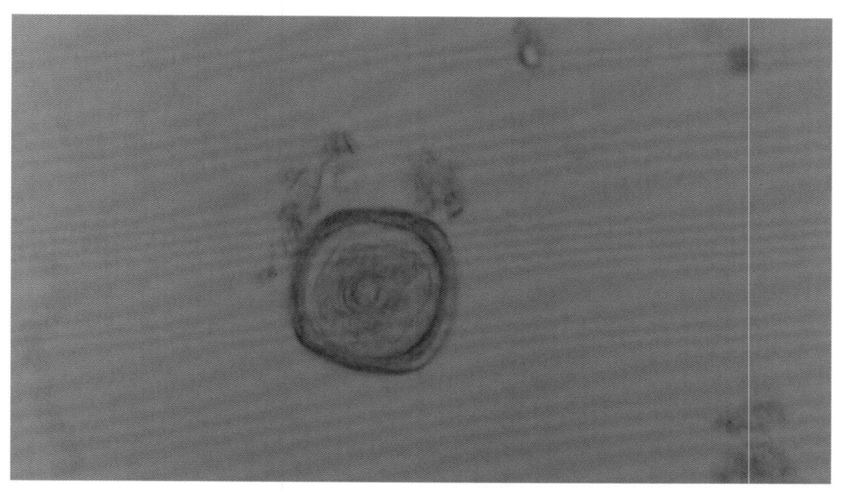

图4-6 莫尼茨属绦虫虫卵长期在生理盐水中可能会膨胀

少数情况下，在绵羊体内可发现其他绦虫，如无卵黄腺绦虫属（*Avitellina*）、曲子宫绦虫属（*Thysaniezia*）和斯泰勒绦虫属（*Stilesia*）的卵，但这些绦虫卵较小且缺少梨形器。

绦虫蚴感染

绵羊绦虫蚴的分类见表4-1。

表4-1　绵羊绦虫蚴的分类

终末宿主	成虫	中间宿主体内的中绦期或幼虫	在中间宿主体内的寄生部位
犬	细粒棘球绦虫（*Echinococcus granulosus*）	棘球蚴（*Echinococcus unilocularis*）	肝、肺、脑等
犬	羊带绦虫（*Taenia ovis*）	羊囊尾蚴（*Cysticercus ovis*）	肌肉
犬	泡状带绦虫（*Taenia hydatigena*）	细颈囊尾蚴（*Cysticercus tenuicollis*）	肝和腹膜
犬	多头带绦虫（*Taenia multiceps*）	脑多头蚴（*Coenurus cerebralis*）	中枢神经系统

■ 棘球蚴

棘球蚴病是由细粒棘球绦虫的幼虫期引起的疾病，细粒棘球绦虫的终末宿主是犬。

棘球蚴具有典型的三层结构：两个内层，即生发层和角质层，它们是由寄生虫自身形成的，第三层即由宿主产生的外层或者外源层。

生发层或称有核层，表面被覆截短的微刺，微刺斜插入角质层，微刺表面覆盖着质膜。无性繁殖促使可育囊泡形成，囊泡始于小核“卵黄”块，“卵黄”块向着囊腔中心出芽增殖，生长，最后形成液泡，但仍然通过茎与生发层相连。同样地，后续的无性繁殖通过出芽方式反复进行，这样会形成数以千计的原头蚴，原头蚴在绵羊体内可存活达6年之久。棘球蚴包囊的组织切片见图4-7。

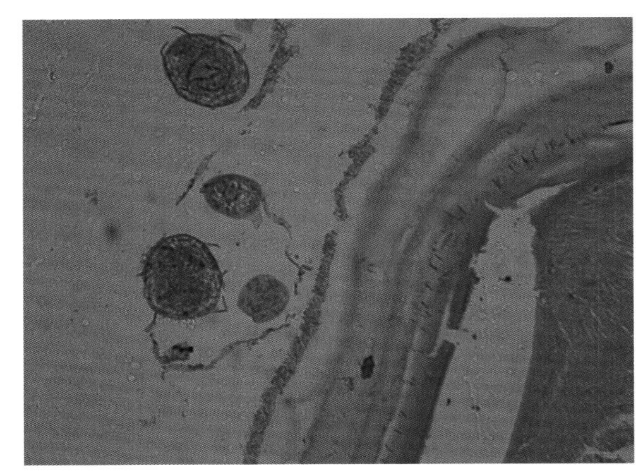

图4-7　棘球蚴包囊的组织切片

角质层是非细胞的、由胚胎干细胞分化而来，有弹性和有活力的厚层结构；角质层从生发层衍生而来，由多糖和蛋白组成。

外层为一纤维层，是宿主发生免疫防御应答反应的产物。外层壁上有生发膜上的未分化细胞通过内生性生长发育和外生性生长发育而来的小囊泡，镶嵌于结缔组织的致密基质层中。该层分三层结构：内侧的巨噬细胞层，中间的纤维层和外侧的器官实质。

如果羊棘球蚴病得到确诊，则在终末宿主（犬科动物）的粪便排出物中应能检查到小的圆形虫卵（直径45μm），外被一厚放射状角皮层；与带科绦虫其他种的虫卵在形态上一致。

细粒棘球绦虫成虫（图4-8）寄生于犬科动物，尤其是犬的小肠，只有2 ～ 7mm长，头节或者头上分布有4个圆形吸盘和一个顶突，顶突上有两排皇冠样小钩，钩长分别为22 ～ 39μm和31 ～ 49μm。在头节后部，有一生发带，由此生出体节，体节成链构成“链体”。一般情况下，链体由3节或4节节片组成，个别虫体的链体可能多达6节。所有绦虫的最后体节是最成熟的，虫体最后的孕节内可见充满虫卵的子宫。

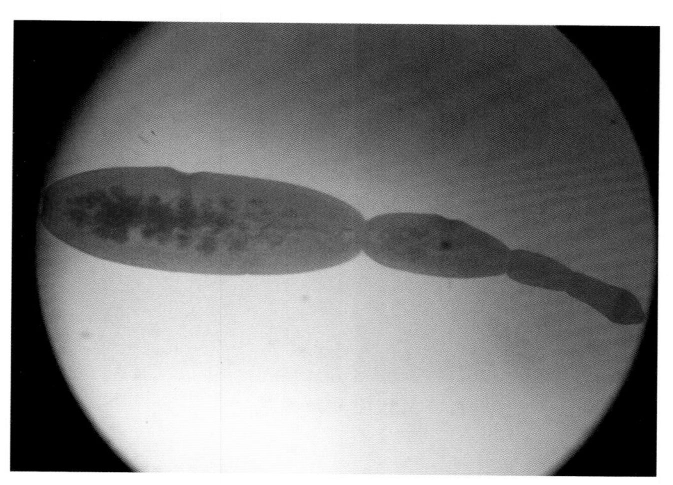

图4-8　细粒棘球绦虫成虫

棘球属绦虫虫卵具有典型的带科绦虫虫卵（图4-9）形态学结构。当虫卵从粪便排出宿主体外时，虫卵外被覆一层卵黄层，但不久这层膜就会丢失。虫卵小［(30 ～ 50) μm×（22 ～ 44）μm］，呈圆球形，含一个具有54个细胞的六钩蚴胚胎，胚胎外包围一放射状条纹角皮层。虫卵仅能在终末宿主，如犬的粪便中发现，不出现于反刍动物粪便中。

肝脏中的棘球蚴包囊见图4-10。

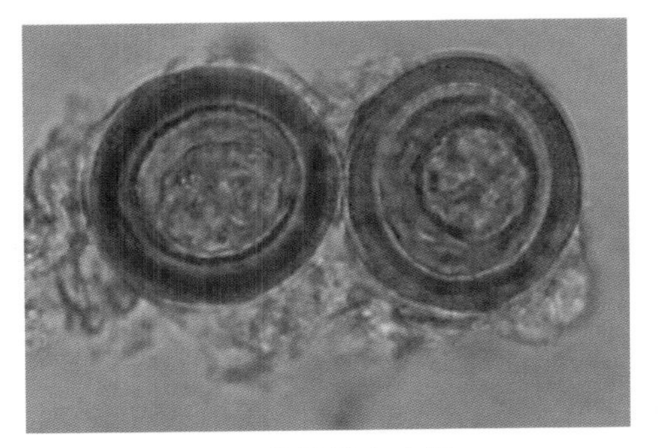

图4-9　带科绦虫虫卵

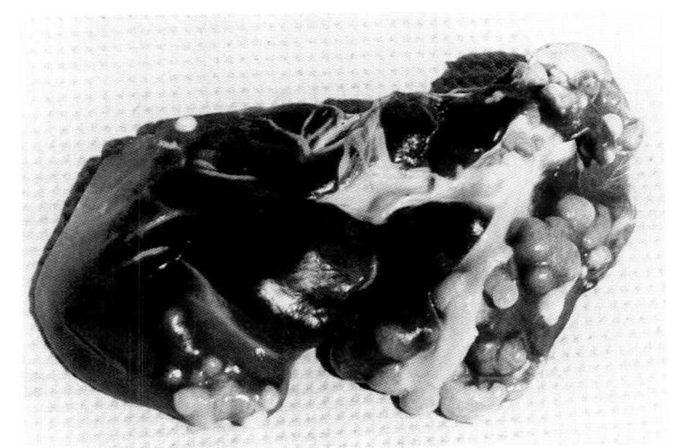

图4-10　肝脏中的棘球蚴包囊

■ 囊尾蚴

囊尾蚴呈包囊状，附着一内陷的头节（图4-11），囊内充满液体。

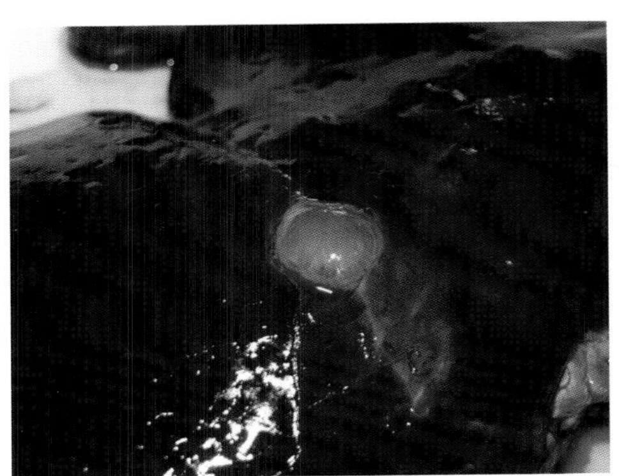

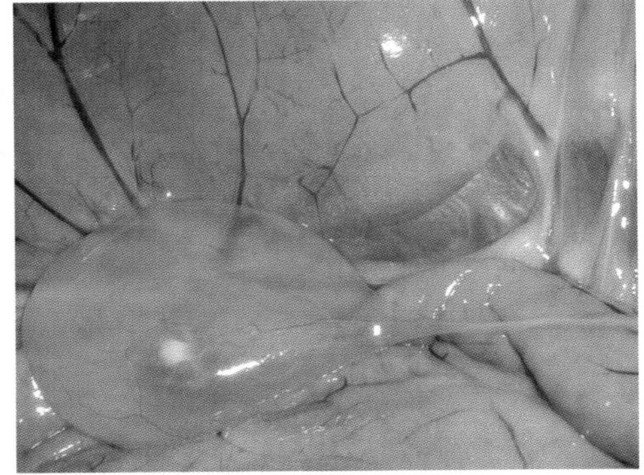

图4-11　羊囊尾蚴及内陷的头节

囊尾蚴可寄生于肌肉或者肝-腹腔组织（浆膜），见图4-12。囊尾蚴通常无致病性，最常见于腹腔的浆膜表面。

肌肉囊尾蚴病由羊囊尾蚴引起，羊囊尾蚴为羊带绦虫的幼虫，终末宿主为犬。羊囊尾蚴通常出现在心脏和横膈膜。包囊数目不多，通常会退化，硬化甚至钙化。

肝-腹腔组织囊尾蚴病是由细颈囊尾蚴引起，细颈囊尾蚴为泡状带绦虫的幼虫，终末宿主为犬。囊尾蚴表现为一大囊，直径可达6cm，充满透明液体，囊内含有一凹入的头节和一个长的颈节，这些结构容易被辨别。

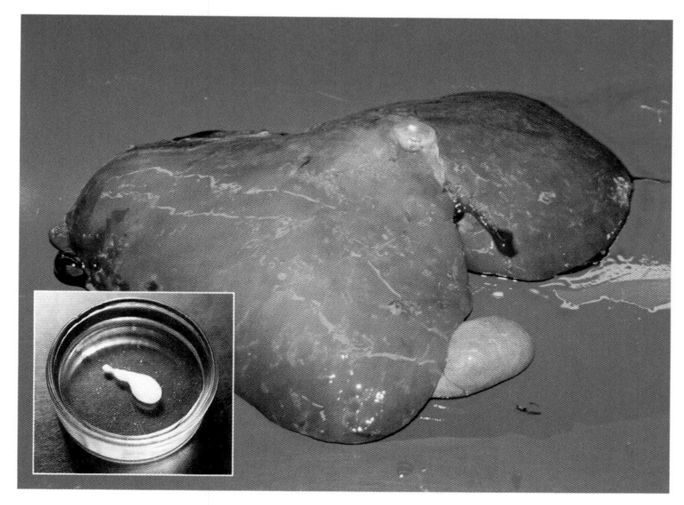

图4-12 囊尾蚴感染的肝脏

■ 多头蚴

脑多头蚴

多头蚴是一种透明充满液体的大包囊，囊壁上附着许多内陷的原头蚴，原头蚴通常成簇排列在一起。

脑多头蚴是多头带绦虫（终末宿主是犬）的幼虫期，寄生于中枢神经系统，患畜表现有特征性的神经症状（图4-13），症状依包囊寄生部位（顶区、脑的前部、小脑或脊髓）而定。

图4-13 脑多头蚴寄生于羊的脑部

第5章　线　虫

线虫为一种长圆柱状的蠕虫，大小为0.1 ~ 150cm，后端通常较尖细。它们有晶体状的器官，半刚性的外部角质层可阻碍其生长，迫使它们进行蜕皮。真皮层下面是肌层。体腔由充满组织液的腔（假体腔或者肠液）组成，其功能类似于骨骼。该体腔含有消化器官、排泄器官、神经器官和生殖器官。线虫没有明确的循环器官和呼吸器官。

羊消化道线虫种类繁多。通过尸体剖检可以获得这些消化道线虫，并且可以根据它们的形态学特征进行鉴定。对于某些种，鉴别的方法相对简单，但是对于另一些种，如毛圆线虫，由于其数量较多，并且大多数属和种的形态特征非常相似，其鉴定就相对复杂。鉴于此，找到一个关键的方法来帮助我们鉴别线虫就显得至关重要。基于虫体具有某种特定器官结构、形态或大小，我们提出了一个简单的鉴定方法，可以成功将羊毛圆线虫在属水平上进行分类。对于种的鉴定，我们必须观察个体的特点，对于雄虫的鉴定相对于雌虫而言较简单一些。

就肺线虫来说，可以把它们分为两类：大型肺线虫（网尾线虫属 *Dictyocaulus*）和原圆科线虫（缪勒属 *Murllerius*、原圆属 *Protostrongylus*、囊尾属 *Cystocaulus*、新圆属 *Neostrongylus*）。

分类检索结构

线虫分类检索结构见图5-1。

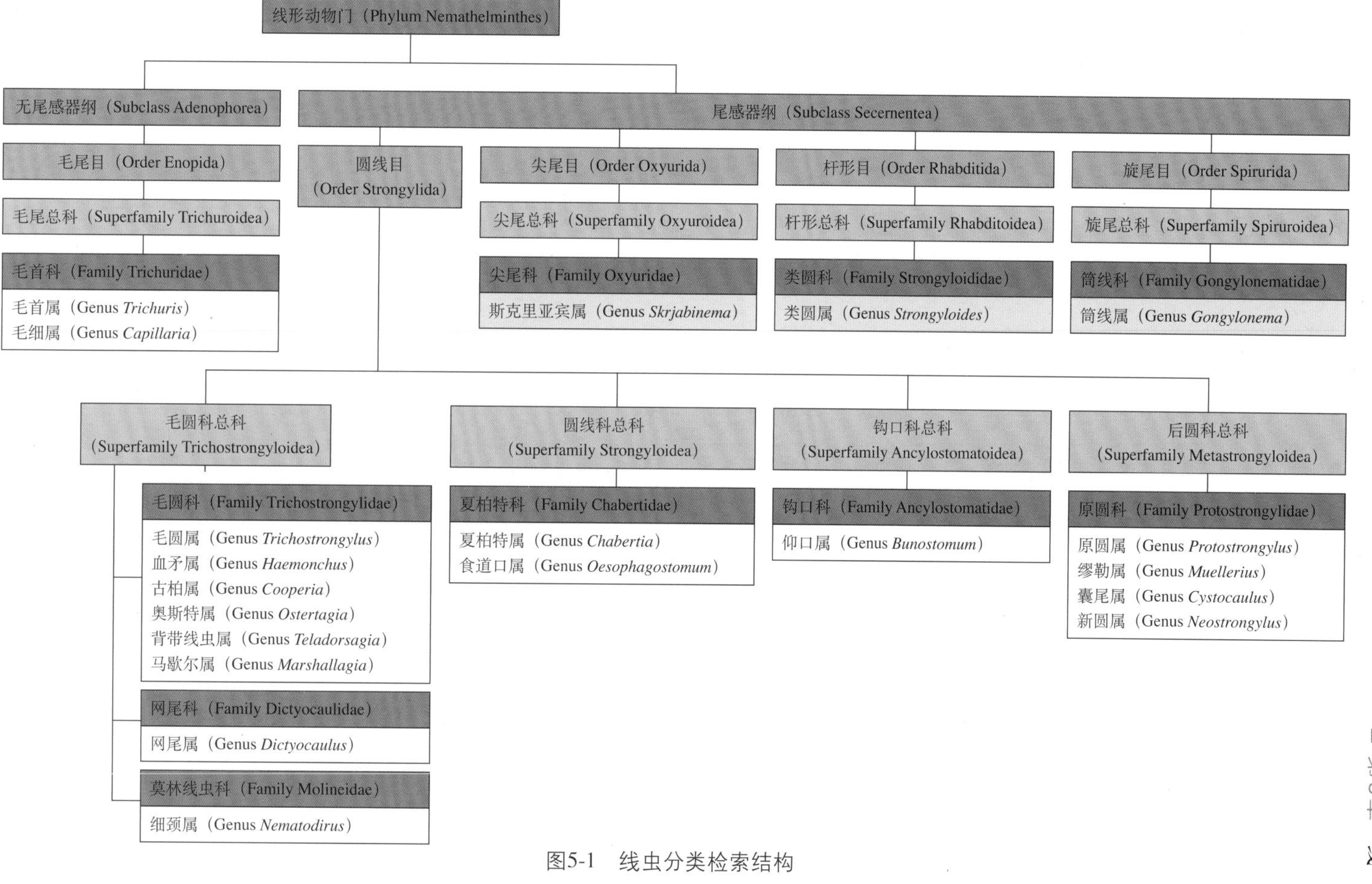

图5-1 线虫分类检索结构

生活史

■ 消化道线虫

毛圆线虫（Trichostrongylids）

毛圆科线虫的生活史属于直接发育型，只有一个内生性阶段，即宿主摄取了含有第三期幼虫的牧草；在宿主的皱胃或小肠内，第三期幼虫会脱鞘。大多数第三期幼虫进入胃腺，蜕皮形成第四期幼虫，然后在宿主皱胃表面发育成第五期幼虫。有时在宿主胃腺中的幼虫会停止发育数月，这就是所谓的蛰伏期。一旦它们发育至性成熟并发生交配后，雌虫便开始产卵（图5-2）。

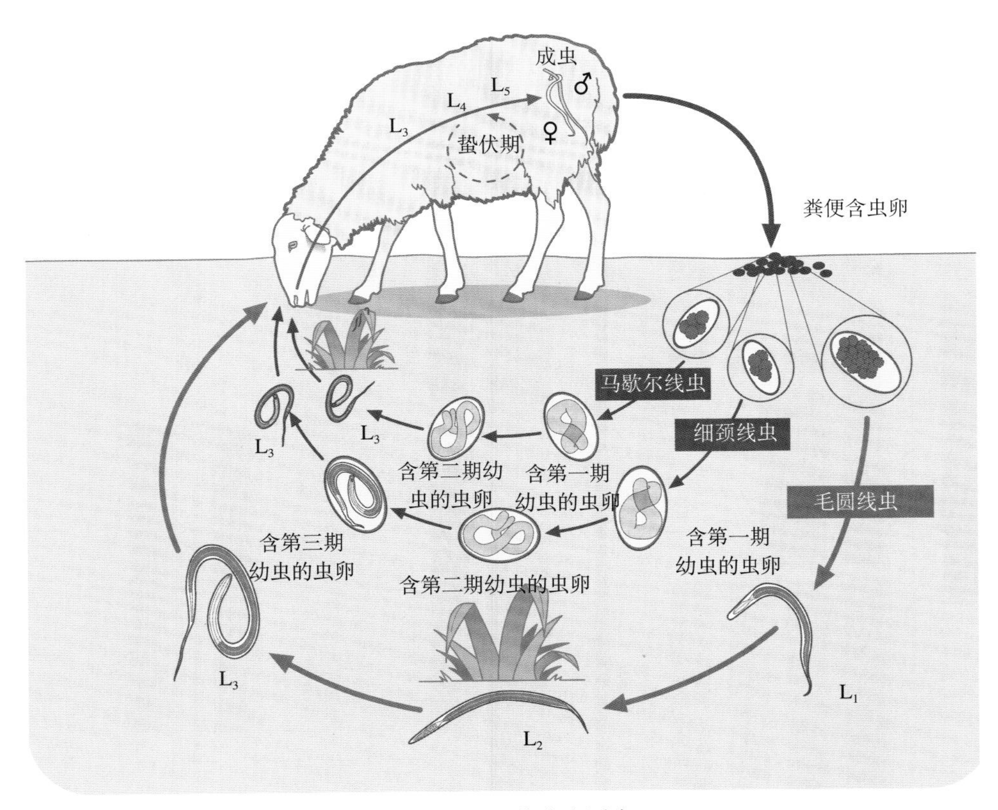

图5-2　毛圆线虫生活史

L_1.第一期幼虫　L_2.第二期幼虫　L_3.第三期幼虫　L_4.第四期幼虫　L_5.第五期幼虫

当虫卵随着粪便排出宿主体外时，体外阶段便开始了，粪便对虫卵起着隔离和保护的作用。第一期幼虫是在虫卵内发育形成，之后孵化，蜕皮形成第二期幼虫，进一步发育成具有感染性的第三期幼虫。对于马歇尔属和细颈线虫属线虫来说，第一期幼虫不会离开虫卵，而是在虫卵内继续发育成第二期幼虫和第三期幼虫，然后再排到外界环境中。第三期幼虫在地面活动而扩散，它们攀爬在牧草上，宿主因摄取牧草而被感染。

肺线虫

网尾线虫（*Dictyocaulus*）

网尾线虫第一期幼虫不需要中间宿主，可直接蜕皮，并保留鞘，感染性幼虫（第三期幼虫）有双层鞘膜，并保留了头泡。当终末宿主摄入含有第三期幼虫的牧草时，其内生阶段便开始了。幼虫在宿主小肠内脱去外膜，穿透肠黏膜，到达肠系膜神经节，蜕皮发育成第四期幼虫，然后经血流转运到肺泡毛细血管中；之后到达最窄的细支气管，发育成第五期幼虫，移行到细支气管和气管，发育至性成熟阶段。大多数虫卵在雌虫体内进行孵化（少部分在小肠内孵化），为的是第一期幼虫可在细支气管上皮细胞的震动和反复咳嗽的作用下上升至气管然后被咽下，接着随粪便排出（一部分在咳嗽时被直接排出），见图5-3。

原圆线虫（*Prostrongylids*）

原圆线虫的第一期幼虫可在粪便表面存活，直至其感染中间宿主陆地螺（超过50种），发育蜕皮至第二期幼虫和第三期幼虫。当终末宿主摄入含有第三期幼虫的螺（偶尔有些幼虫可移行至牧草上并被直接摄入），幼虫的内生阶段就开始了。在宿主释放的胃液作用下，第三期幼虫被释放出来并穿过大肠壁，经淋巴系统到达肺部，并在此发育成熟。雌虫产的卵可在肺实质里孵化，第一期幼虫通过支气管分支向上运动，然后被吞咽下去，见图5-3。

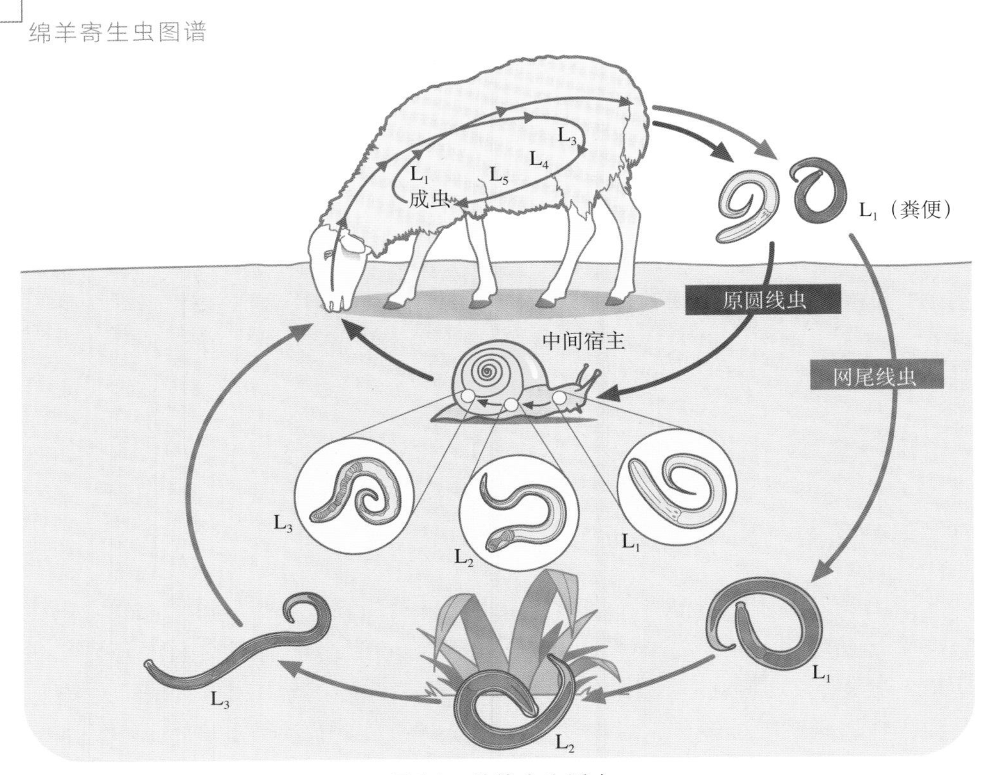

图5-3　肺线虫生活史

L_1.第一期幼虫　L_2.第二期幼虫　L_3.第三期幼虫　L_4.第四期幼虫　L_5.第五期幼虫

胃肠道线虫

夏伯特线虫属（*Chabertia*）

绵羊夏伯特线虫（*Chabertia ovina*）

寄生部位：大肠。

大小：雄虫13 ~ 14mm。

　　　雌虫17 ~ 20mm。

形态：虫体呈白色，前端向前腹面弯曲。口囊（图5-4）很大（使寄生虫产生一个截断面），近乎圆形，宽大于长，开口于前腹侧。口腔由一圈双排的叶冠围绕着，代替辐射冠。口囊后部缺失齿状结构。

雄虫：交合伞发达，交合刺等长（图5-5），尖细，长1.3 ~ 1.7mm。有引器。

雌虫：阴门开口靠近肛门，距虫体尾端（图5-6）约0.4mm。

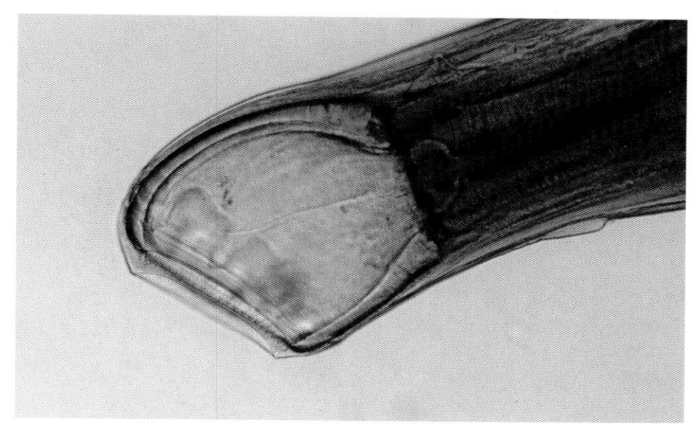

图5-4 绵羊夏伯特线虫的口囊

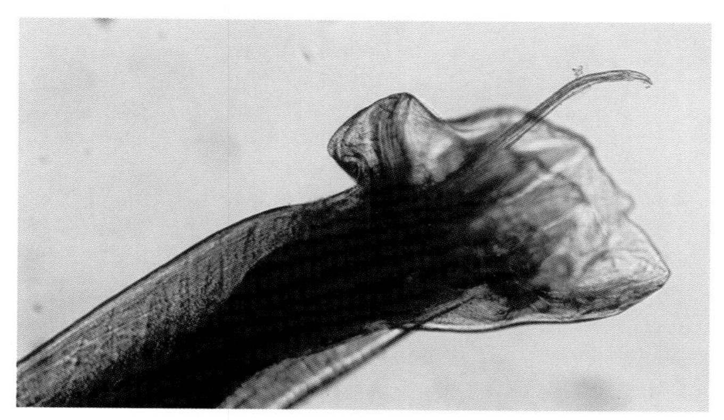

图5-5 绵羊夏伯特线虫的交合伞和交合刺

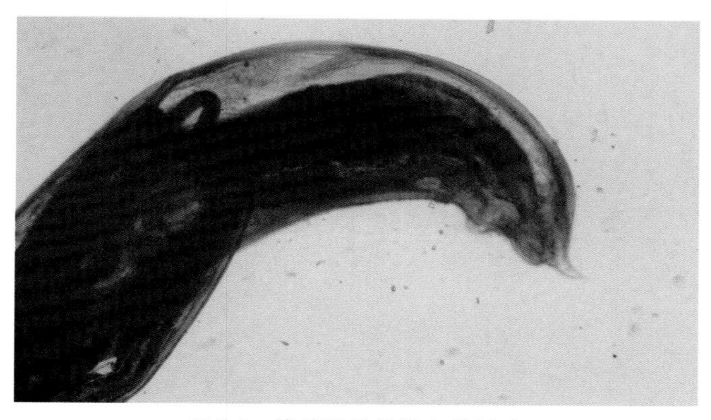

图5-6 绵羊夏伯特线虫的尾端

■ 食道口线虫属（*Oesophagostomum*）

寄生部位：盲肠和结肠。

形态：虫体为象牙白色，较粗，稍弯曲呈波浪状。食管呈棒状，有凸起的外壁和锥形腔，无齿状结构。虫体头端（图5-7）有1个或2个辐射冠（叶冠），1个含有6个乳突的口领，由1个深的环形收缩来划定后部的界限。其后是由虫体表面膨胀而形成的口囊，其末端连接着未完全环绕虫体的侧颈沟；虫体的排泄孔在这个水平位置。颈沟后可能有（也可能没有）侧翼，表面有一对位于食管部的乳突，不同虫种的食道口线虫的乳突位置也不同。

雄虫：交合刺呈丝状，等长，有翼，常在远端互相缠绕（图5-8）。有引器，其背部有厚重的几丁质壳。

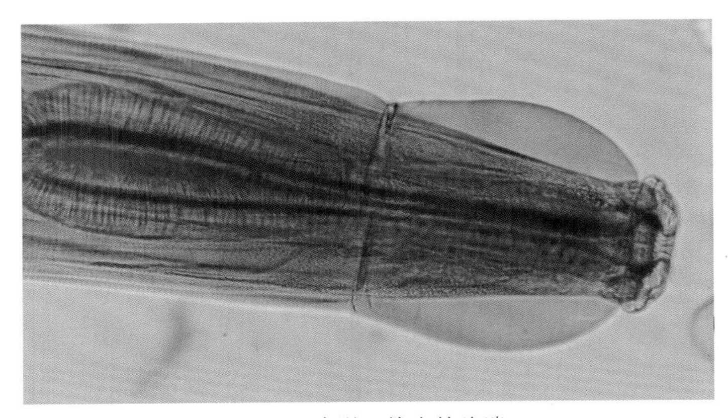

图5-7　食道口线虫的头端

图5-8　食道口线虫的交合伞和交合刺

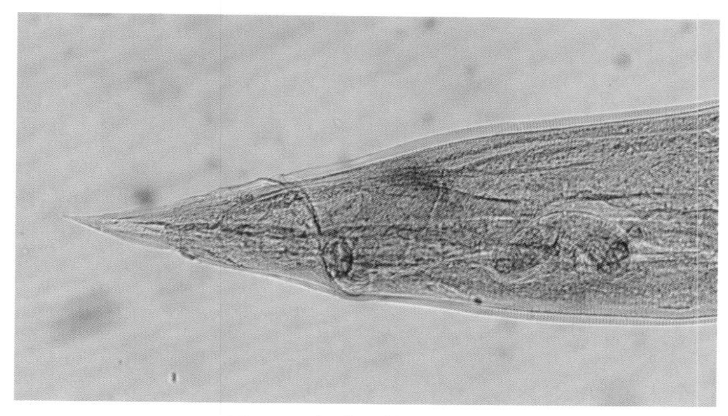

图5-9 食道口线虫的尾端

雌虫：尾端（图5-9）呈尖状，阴门稍稍位于肛门前方。或长或短的阴道由横行的括约肌引入排卵器。子宫紧挨着阴道，有两个相互平行的子宫侧支，一直延伸到虫体的中段。

微管食道口线虫（*Oespphagostomum venulosum*）

大小：雄虫11 ～ 16mm。

雌虫13 ～ 24mm。

形态：颈乳突位于食管末端（图5-10）。有两个叶冠，外叶冠由18个大叶组成，内叶冠由36个小叶组成。

雄虫：交合刺等长，为1.1 ～ 1.5mm。

雌虫：阴门位于肛门前部0.3mm处。

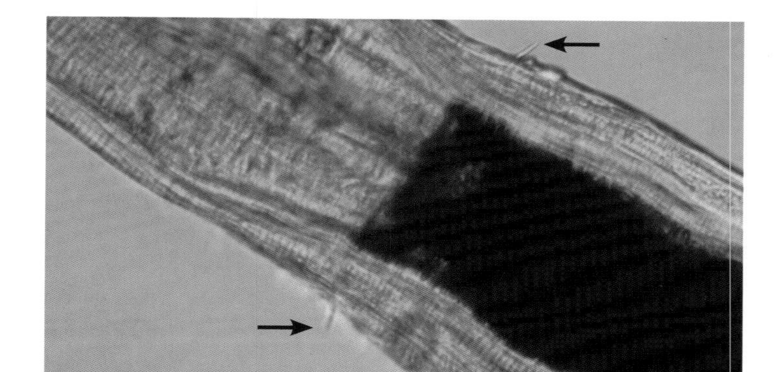

图5-10 颈乳突位于食管末端

辐射食道口线虫（*Oespphagostomum radiatum*）

大小：雄虫14 ～ 17mm。

雌虫16 ～ 22mm。

形态：虫体有较大的侧颈翼，颈乳突位于口囊后方的食管（图5-11）水平位置。只有一个叶冠，由36 ～ 40个小叶组成，位于内侧。

雄虫：交合刺等长，为0.7 ～ 0.8mm。

雌虫：阴门位于肛门前部1mm处。

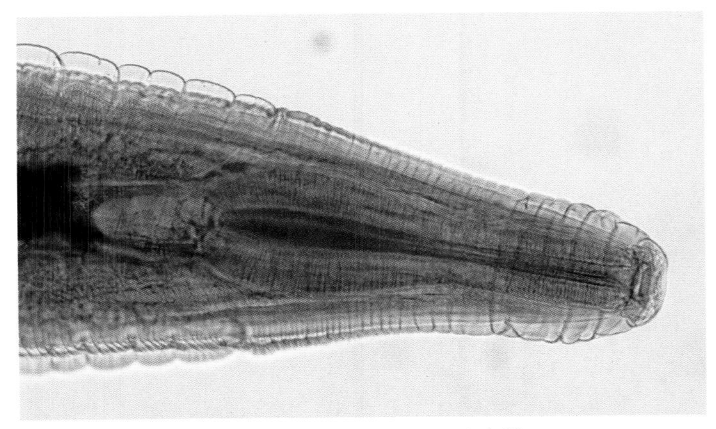

图5-11　辐射食道口线虫的食管

仰口线虫属（*Bunostomum*）

羊仰口线虫（*Bunostomum trigonocephalum*）

寄生部位：小肠。

大小：雄虫12 ～ 17mm。

雌虫15 ～ 26mm。

形态：虫体的头端（图5-12）向背侧弯曲，口囊开口于虫体前背部。虫体相对较宽，在腹部有一对几丁质板。腹部底侧有一对亚腹侧齿。背隧道包裹着背部食管腺的背管，其末端呈一个较宽的锥形，在此处形成了口腔前庭。口囊内无背齿。有颈乳突和背乳突。

雄虫：无引器。交合刺（图5-13）较细，非丝状，有翼，轻微扭曲，长0.6 ～ 0.64mm。

雌虫：阴门开口于虫体前端5.5 ~ 8mm处，尾端（图5-14）呈明显的钝圆。

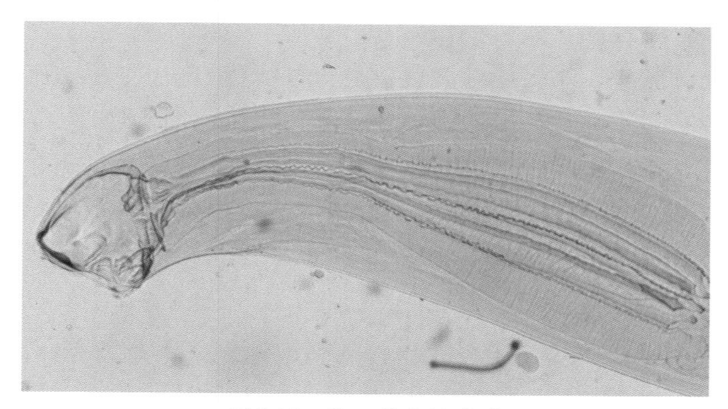

图5-12 仰口线虫的头端

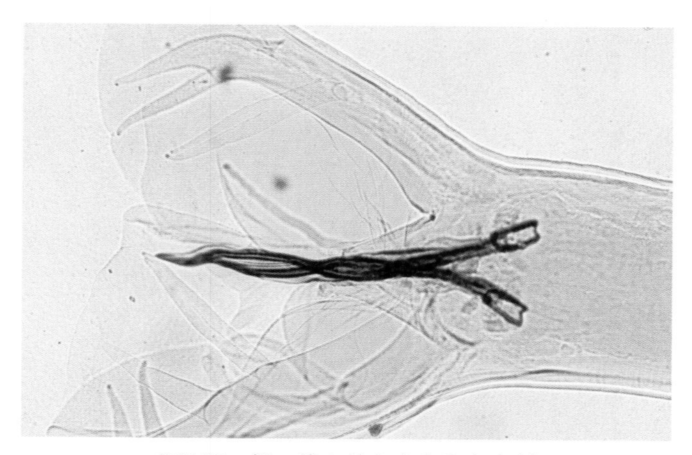

图5-13 仰口线虫的交合伞和交合刺

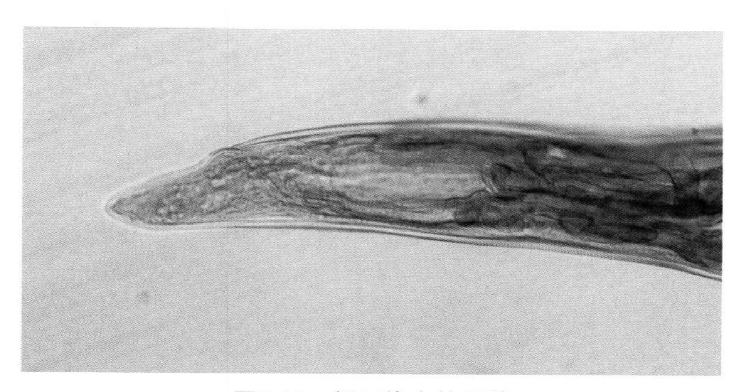

图5-14 仰口线虫的尾端

■ 毛圆线虫属（*Trichostrongylus*）

寄生部位：皱胃和（或）小肠。

形态：虫体较小，略带浅红黄色，是一种线状的蠕虫。头端较窄，无明显的头部。排泄孔位于靠近头端的裂缝处（图5-15黑色箭头处）。

雄虫：生殖锥结构单一，没有附属的囊膜。交合刺呈淡黄色，短粗，形状不规则，扭曲，有沟脊，无分支，近端形成突出的圆盘状结构，远端有钩状毛或尾钩，形成一个三角形。引器呈梭形或形状多变，从侧面看起来像船形或鞋形。

雌虫：尾端（图5-16）相对较短，基本为尾尖。子宫内有双卵巢，很小，甚至装不下12个虫卵。

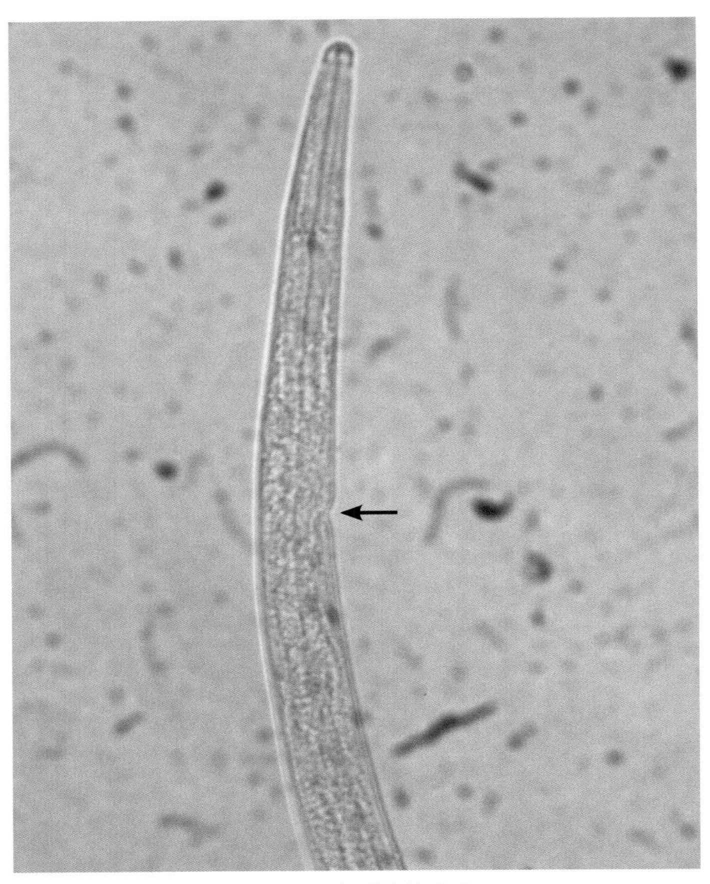

图5-15　有裂缝的头端

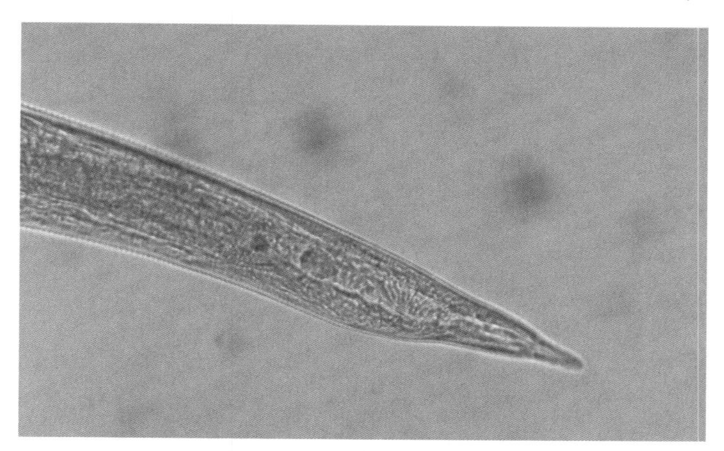

图5-16 毛圆线虫雌虫的尾端

艾氏毛圆线虫（*Trichostrongylus axei*）

寄生部位：皱胃。

雄虫：2.3 ～ 6mm。交合刺（图5-17）呈深棕色，不等长，左侧的长为96 ～ 123μm，右侧的长为74 ～ 96μm。两根交合刺的中间内缘处有一根刺，其尾端有突起。

雌虫：虫体尾端较直，呈锥形，长为67 ～ 79μm。阴门位于虫体后端，距尾端0.06 ～ 0.1mm。排卵器长为202 ～ 281μm，但其界限不如其他虫种那样明确。

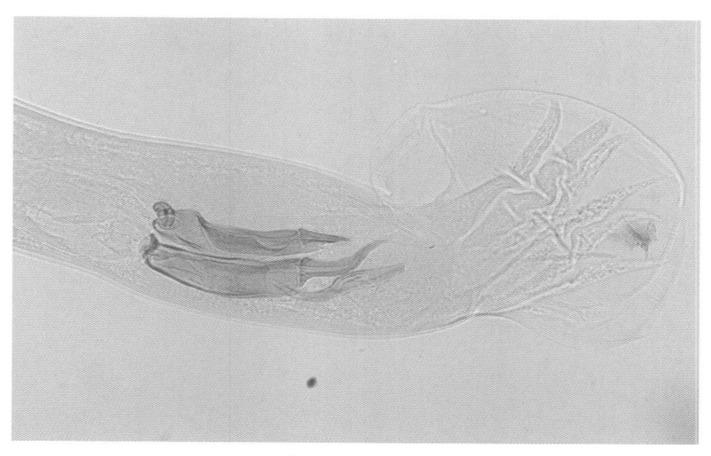

图5-17 艾氏毛圆线虫的交合刺

玻璃毛圆线虫（*Trichostrongylus vitrinus*）

寄生部位：十二指肠。

雄虫：4 ~ 7.7mm。交合刺（图5-18）几乎一致，长为149 ~ 176μm，平滑，尾端呈明显的尖状。引器长为74 ~ 96μm，非常窄，呈弓形或梭形。

雌虫：肛门位于尾端79 ~ 133μm处。阴门有显著的唇片。其后端呈锥形，逐渐变窄，尾端长79 ~ 105μm，微向背侧弯曲。

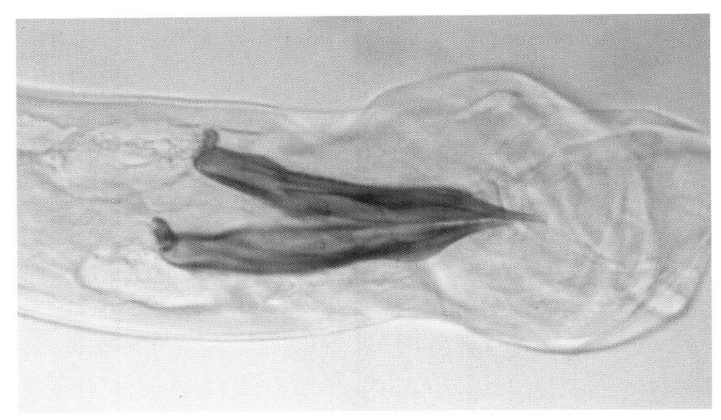

图5-18　玻璃毛圆线虫的交合刺

蛇形毛圆线虫（*Trichostrongylus colubriformis*）

寄生部位：小肠的前段。

雄虫：4.3 ~ 7.3mm。交合刺（图5-19）尾端呈三角形，有一个不明显的钩状结构，深棕色，左侧长为136μm，右侧长123 ~ 154μm。两者均向腹侧卷曲折叠，它们的腹钩在距末端37.3μm处明显分离。引器：长66 ~ 88μm，从背腹侧观察呈靴形，侧面观察呈梭形。

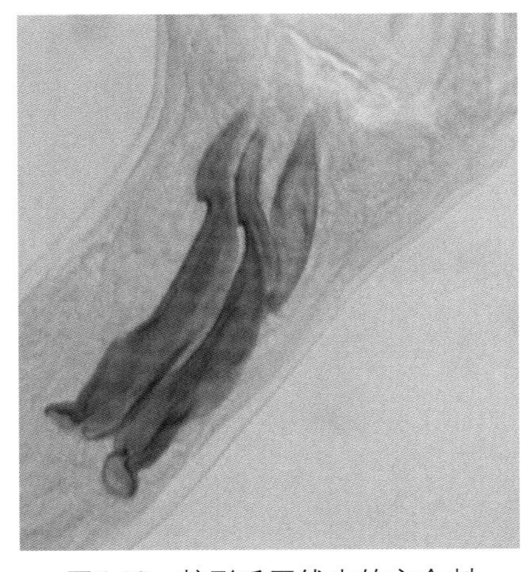

图5-19　蛇形毛圆线虫的交合刺

雌虫：神经环位于头端0.12 ~ 0.13mm处，排泄孔位于头端0.15mm处。阴门位于尾端1.21 ~ 1.48mm处，有边缘隆起的裂缝，但无唇片。排卵器发达，长为

400 ~ 500μm，子宫内有双卵巢。尾部呈锥形，较短，长为66 ~ 92μm，末端缓慢变成为针状。肛门位于尾端55 ~ 92μm处。

山羊毛圆线虫（*Trichostrongylus capricola*）

寄生部位：小肠。

雄虫：3.5 ~ 5.8mm。交合刺（图5-20）一致，长度为114 ~ 149μm。后半段呈190° 向前侧弯曲，这一点可用于该虫和蛇形毛圆线虫的鉴别。没有钩状结构。引器长66 ~ 88μm。

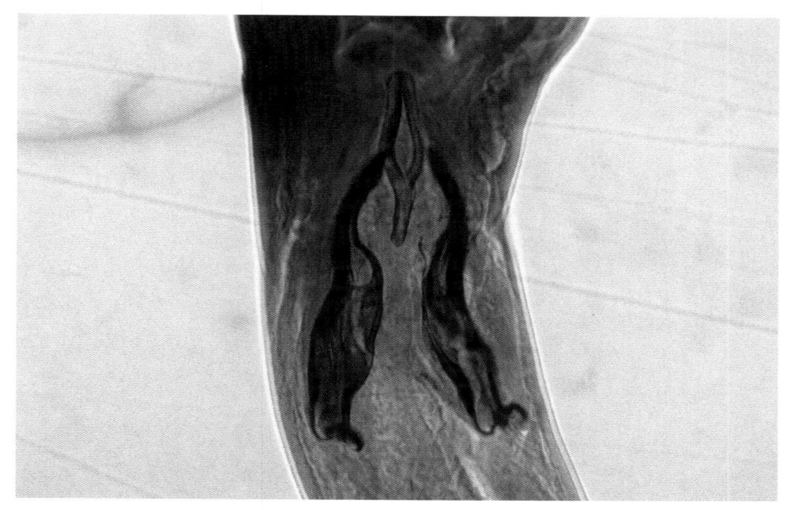

图5-20 山羊毛圆线虫的交合刺

雌虫：排卵器清晰可见，两个之间的距离为330 ~ 391μm。尾端大小为（79 ~ 98）μm×（38 ~ 44）μm。

长刺毛圆线虫（*Trichostrongylus longispicularis*）

寄生部位：小肠。

雄虫：3.5 ~ 7.5mm。交合伞有一个小背叶。交合刺（图5-21）细长，略不等长，左边的一条长为139 ~ 200μm，右边的一条长为136 ~ 193μm。交合刺尾端钝圆，尾尖处有匙状的半透明膜状物质。

雌虫：5.2 ~ 9mm（未见描述）。非常罕见。

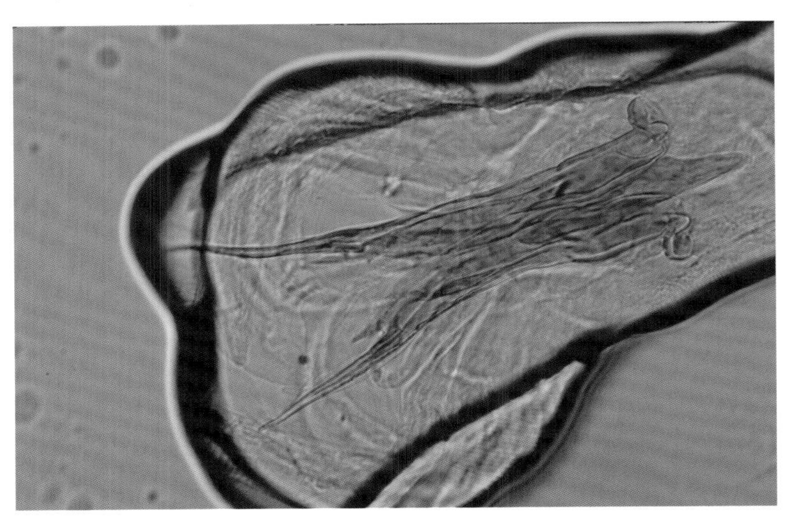

图5-21　长刺毛圆线虫的交合刺

扭转毛圆线虫（*Trichostrongylus retortaeformis*）

寄生部位：小肠。

雄虫：5 ~ 7mm。交合刺（图5-22）长100 ~ 140μm，尾端呈三角形，稍弯曲。引器长63μm。

雌虫：6 ~ 9mm。尾端长1 ~ 1.1mm。非常罕见，家兔为其常见宿主。

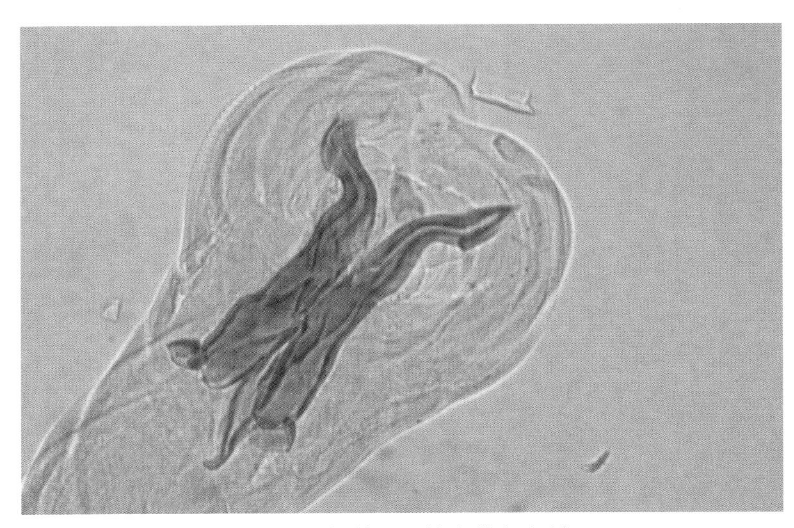

图5-22　扭转毛圆线虫的交合刺

■ 血矛线虫属（*Haemonchus*）

捻转血矛线虫（*Haemonchus contortus*）

寄生部位：皱胃。

大小：雄虫长10 ～ 20mm，雌虫长16 ～ 30mm。

形态：头端相对较宽，钝圆，直径小于50μm，无口囊。颈乳突显著（图5-23）。口腔前庭较小，无几丁质，有三片不显著的唇片和一个较明显的背矛状小齿，小齿位于口腔前庭底部的背侧。食管上有一个显著的新圆圈结构。食管长1.216 ～ 1.387mm。

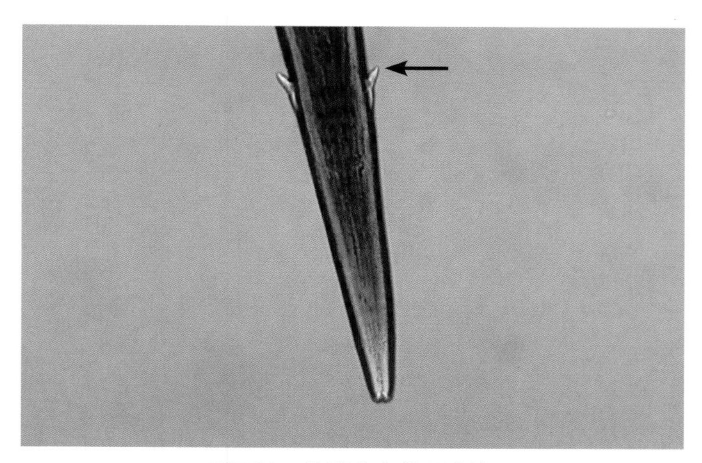

图5-23　头端有大的颈乳突

雄虫：交合刺长300 ～ 506μm，呈棕色，末端有小钩，左侧钩长21 ～ 24μm，右侧钩长41 ～ 44μm，附属部分长200 ～ 210μm。

交合伞有一个较长的侧叶和一个偏左侧不对称的小背叶（图5-24），背叶有分支，每个分支又依次分为两个。前囊有乳头状突起。引器［200μm×（25 ～ 30）μm］呈纺锤形或梭形。

雌虫：虫体尾端细长，末端呈尖状，长为323 ～ 630μm。阴门位于尾端2.5 ～ 4mm处，前面有一显著的舌状阴门盖（665 ～ 769μm），偶尔会出现阴门盖很小，甚至缺失的情况（很少见）。白色的卵巢螺旋环绕在略带红色的肠道周围，形成了红白线条相间的外表，雌虫看起来像一个开瓶器（或者理发店的招牌杆），见图5-25。

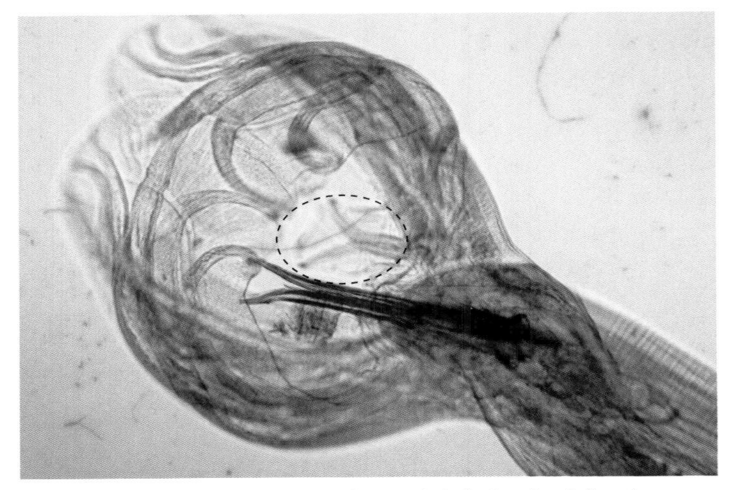

图5-24　交合伞、交合刺和不对称背叶一起形成Y形

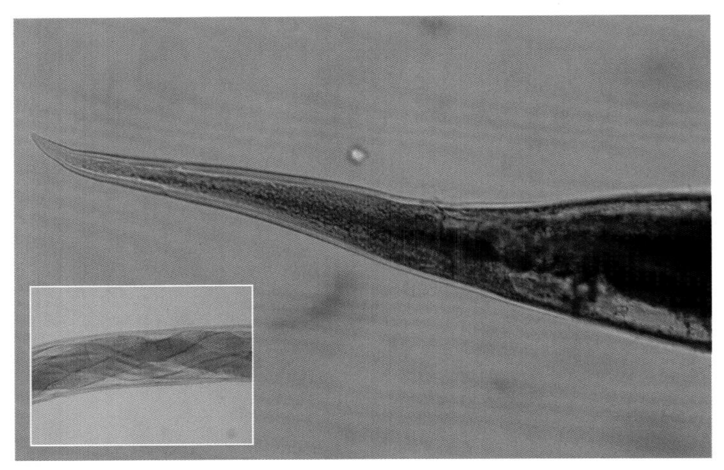

图5-25　尾端，开瓶器外观（环绕着肠道的卵巢）

■ 古柏线虫属（*Cooperia*）

寄生部位：小肠。

形态：虫体头端（图5-26）细长，无发达的唇片，口腔前庭较小，颈乳突位于食管后端1/3处，较离散，不易看见。口囊较长，通常可分为头部和颈部。

雌虫：尾端（图5-27）呈尖状，形状相对较尖利，但无刺。阴门位于虫体后半部分，有阴门盖。

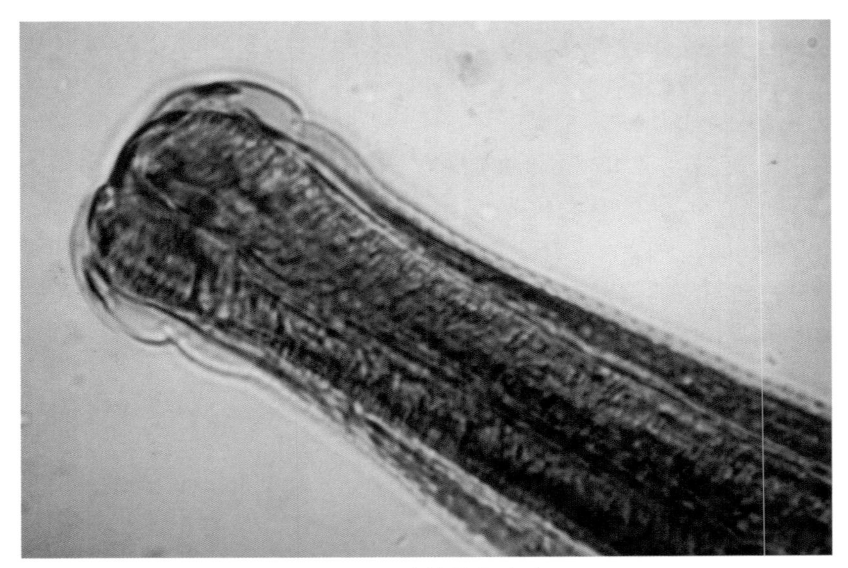

图5-26 古柏线虫头端

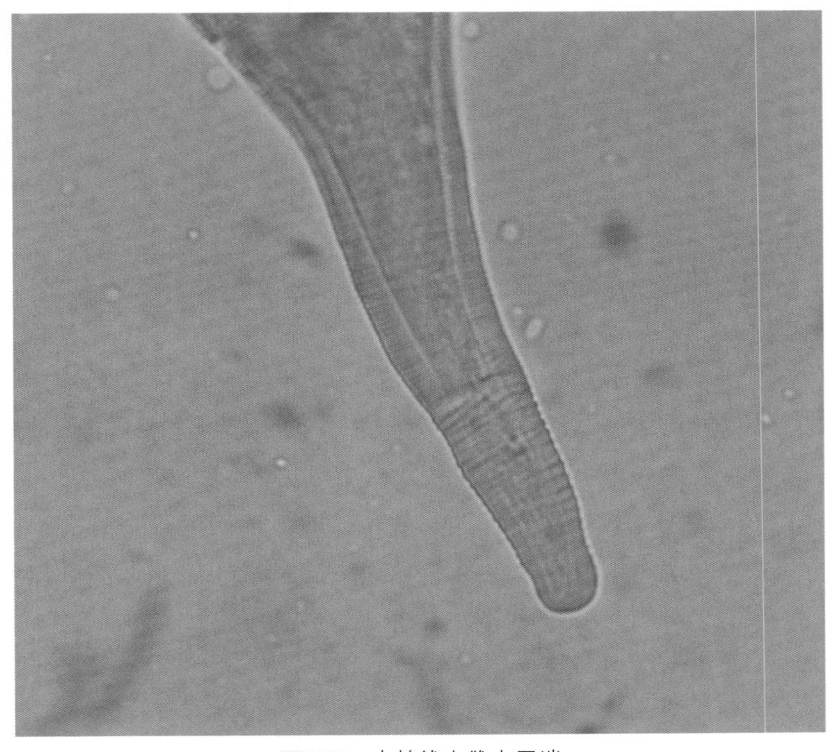

图5-27 古柏线虫雌虫尾端

肿孔古柏线虫（*Cooperia oncophora*）

寄生部位：小肠。

雄虫：交合伞上的背腹肋长220 ~ 240μm，其分支末端呈马蹄铁状的弓形，弓形部分靠中心位置有小型指状突起。交合刺（图5-28）细长（228 ~ 300μm），光滑，没有隆起的脊，尾端呈纽扣状。

雌虫：在阴门的位置虫体形状明显变得不规则，尾部细长，有环纹。肛门位于虫体尾端160μm处。排卵器长700μm。

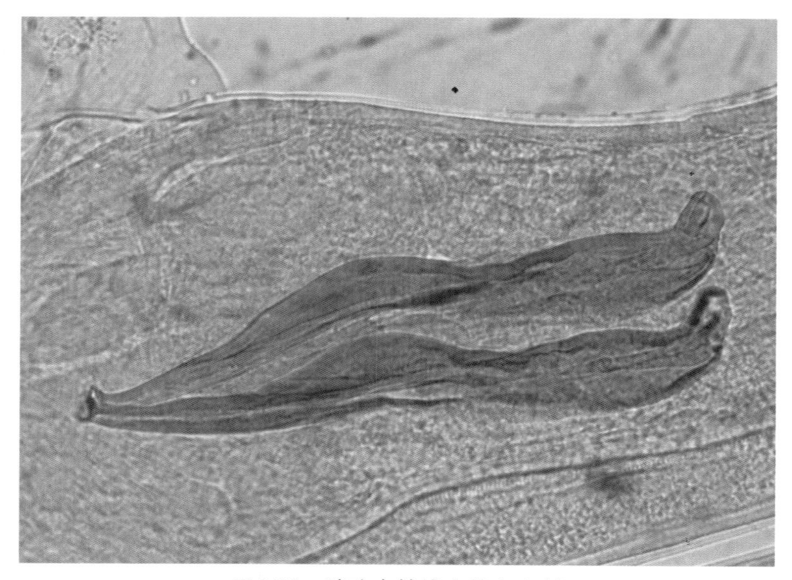

图5-28　肿孔古柏线虫的交合刺

麦氏古柏线虫（*Cooperia mcmasteri*）

寄生部位：小肠。

雄虫：虫体头端呈螺旋状。其形态和肿孔古柏线虫很相似，但其交合伞稍大，背腹肋更长更细，交合刺（图5-29）更纤细，而且稍短。长交合刺（270μm）底端呈靴形，在其中间部位有一处翼状的膨隆。

雌虫：阴门横向开口，前唇膨大形成衣摆状。

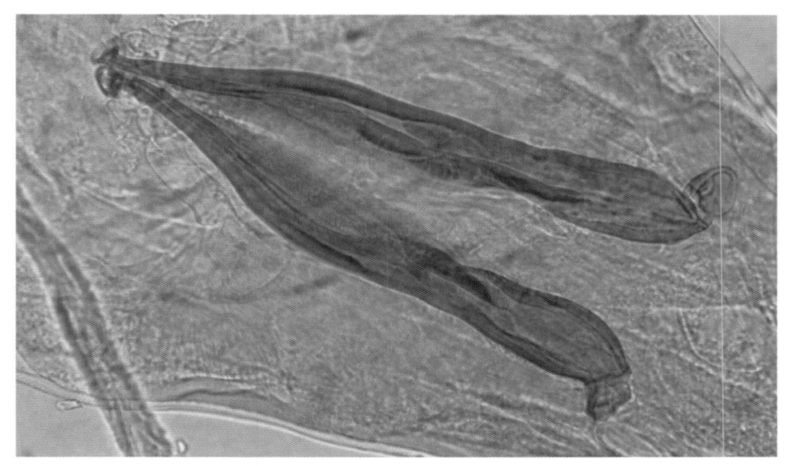

图5-29　麦氏古柏线虫的交合刺

柯氏古柏线虫（*Cooperia curticei*）

寄生部位：小肠。

头端细长，无发达的唇片，口腔前庭较小，颈乳突位于食管第三段的后部，不明显，不易看见。口囊很长，可分成头部和颈部。

雄虫：（4.6 ~ 6.8）mm×（0.075 ~ 0.08）mm。交合刺（图5-30）长111 ~ 165μm。

雌虫：（5.8 ~ 8.05）mm×（0.075 ~ 0.1）mm。

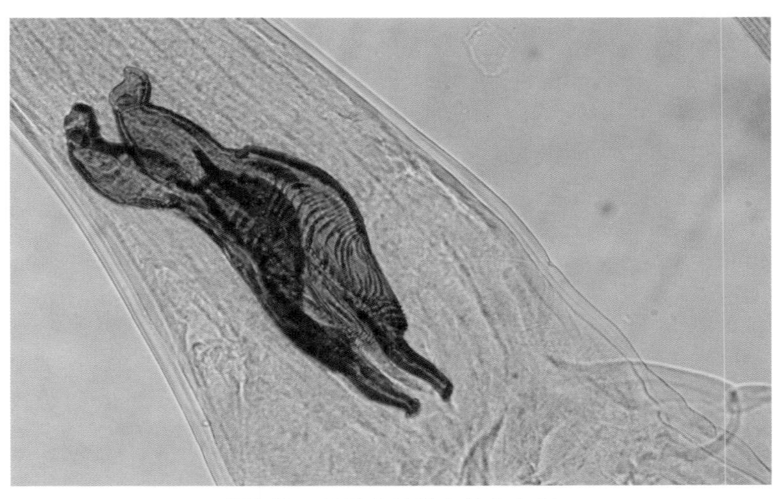

图5-30　柯氏古柏线虫的交合刺

奥斯特线虫属（*Ostertagia*）/背带线虫属（*Teladorsagia*）

寄生部位：皱胃和小肠。

颜色略带红黄色（因为部分沾有血液）。

雄虫有附属的囊膜。前囊乳突（图5-31）较小且分散，通常聚集在虫体后部。交合刺（最长500μm）短小等长，相对较细，略带黄色；末端有3个钩形或尖形的结构，两侧的钩比中间的略短。引器无色，较难观察，呈纺锤形或铲形。

雌虫：阴门位于虫体尾端1/5处（图5-32），有阴门盖（图5-33）。尾部呈锥形，在尾端形成一个尖，有5 ～ 6个尾环，无端刺。

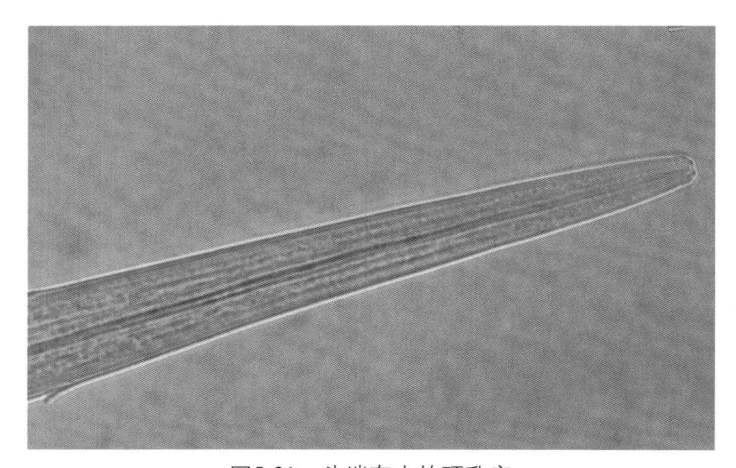

图5-31　头端有小的颈乳突

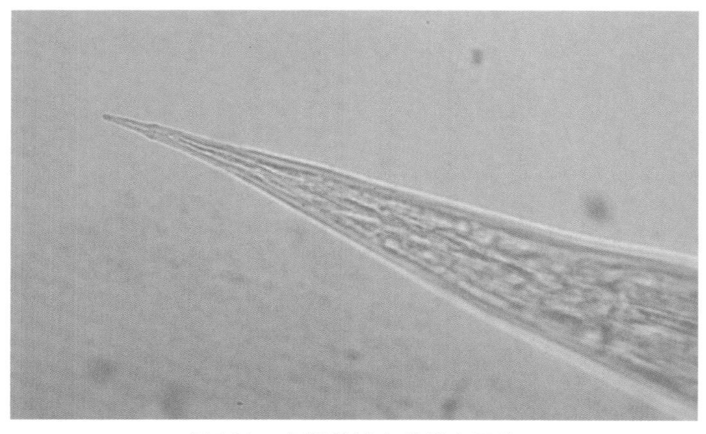

图5-32　奥斯特线虫的雌虫尾端

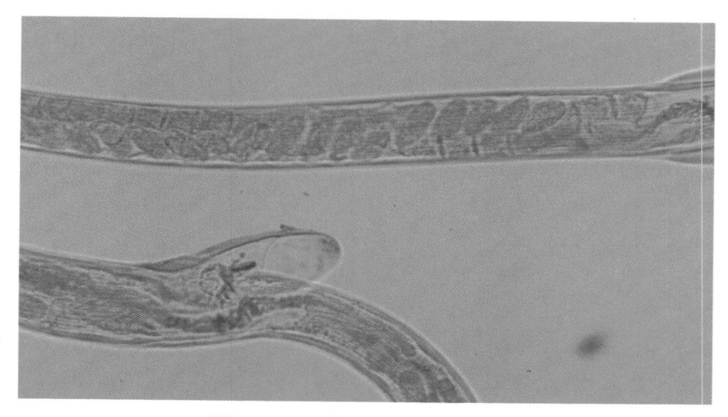

图5-33 子宫和阴门的阴门盖

奥氏奥斯特线虫（*Ostetagia ostertagi*）

寄生部位：皱胃和小肠。

雄虫：5.3 ~ 8.4mm，交合伞较小，呈三叶状，由多个肥厚的肋脊支撑。交合刺（图5-34）长175 ~ 330μm，末端有3个钝钩状的突起，两侧的突起比中间的短，略细，三者通过几丁质连接在一起。引器呈网拍状，65μm × 15μm。

雌虫：阴门距虫体尾端1.1 ~ 1.5mm，覆有长为100 ~ 120μm的阴门盖。肛门距尾端的长度为0.11 ~ 0.14mm。

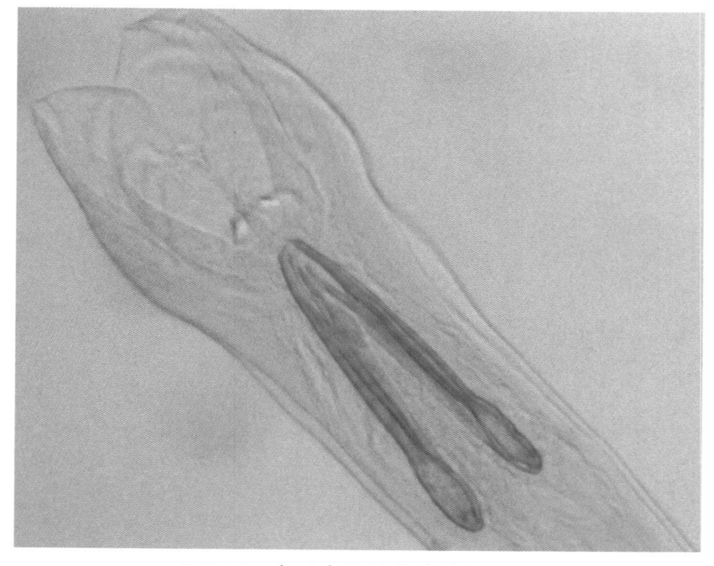

图5-34 奥氏奥斯特线虫的交合刺

竖琴奥斯特线虫（*Ostetagia lyrata*）

寄生部位：小肠。

雄　虫：9mm × 0.12mm。虫体形态和奥氏奥斯特线虫相似，不同的是其背侧有一个显著的较硬的生殖锥，其生殖前锥比较小。交合刺（图5-35）长230μm，有3个分叉，中间的主叉较粗，末端呈靴形，两侧的也很粗，但是末端呈尖形。引器呈梭形，长63μm。

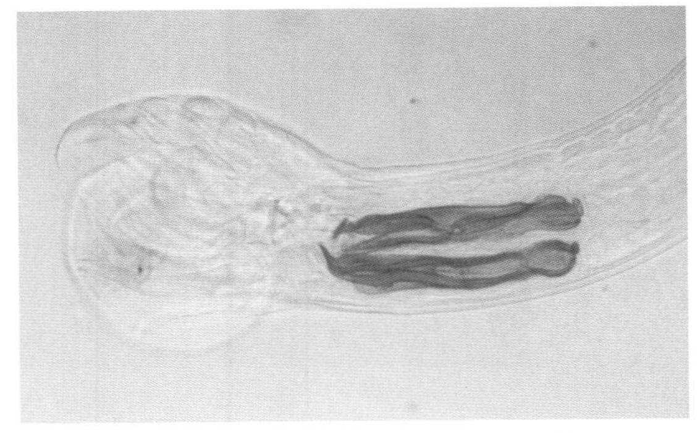

图5-35　竖琴奥斯特线虫的交合刺

环纹背带线虫（*Teladorsagia circumcincta*）

寄生部位：皱胃，寄生在小肠较为少见。

雄虫：7.5 ~ 9mm。交合伞很大，有肥厚的肋脊，其附属的囊膜并不坚硬，由两个独立的肋支撑。交合刺（图5-36）细长（280 ~ 320μm），在后1/4处分成三叉（距尾尖50μm），主叉有较大的膨胀，第二叉较小且有尖端，第三叉几乎不可见。引器长90μm，呈网球拍状。

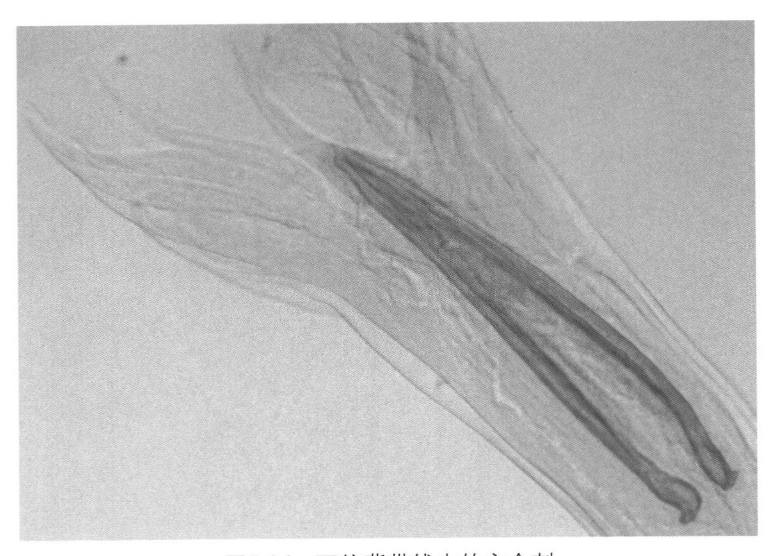

图5-36　环纹背带线虫的交合刺

雌虫：阴门距尾端1.9 ~ 2.3mm，通常有阴门盖。

虫体的尾部微曲呈弓形，尾部末端较厚。

三叉背带线虫（*Teladorsagia trifurcata*）

寄生部位：小肠。

雄虫：5 ~ 8.8mm。生殖锥位于背侧，较发达。其附属的囊膜较为坚硬，交合伞有较肥厚的背肋，支撑着3个背叶：两侧的背叶较为发达，背侧的比较小。交合刺（图5-37、图5-38）相对较短（150 ~ 250μm）、较宽，在中线以后，尾部的1/3处分为三叉，中间的主叉较长较厚，尾部末端较钝，另外2个分叉（背侧中部和腹侧）长度接近中间分叉的一半，尾部末端呈尖状。引器呈

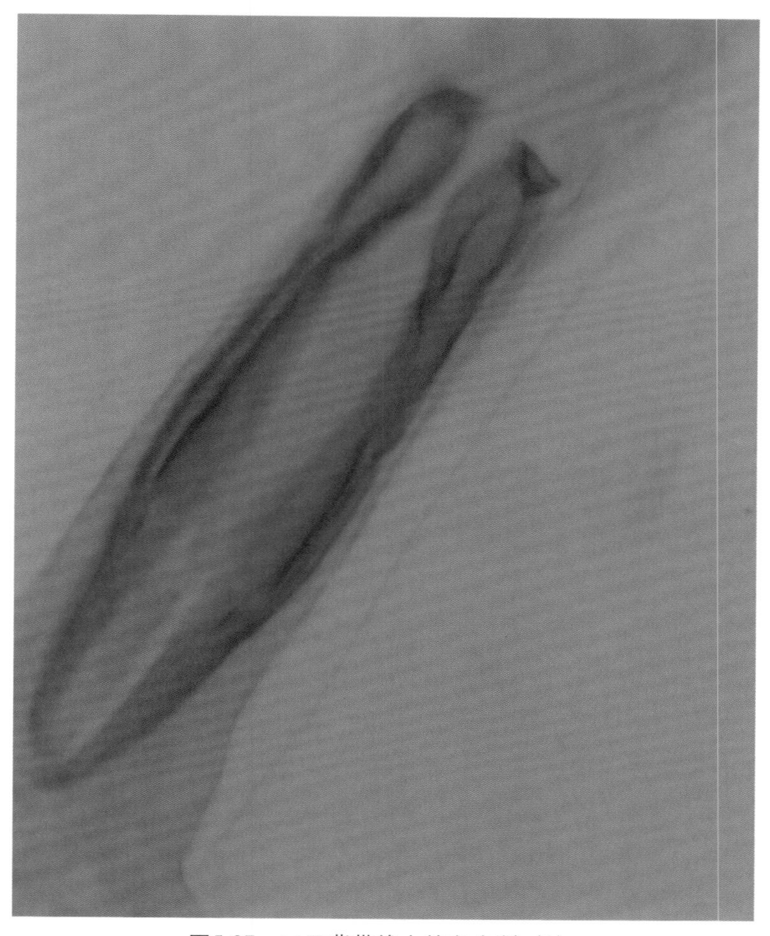

图5-37 三叉背带线虫的交合刺（1）

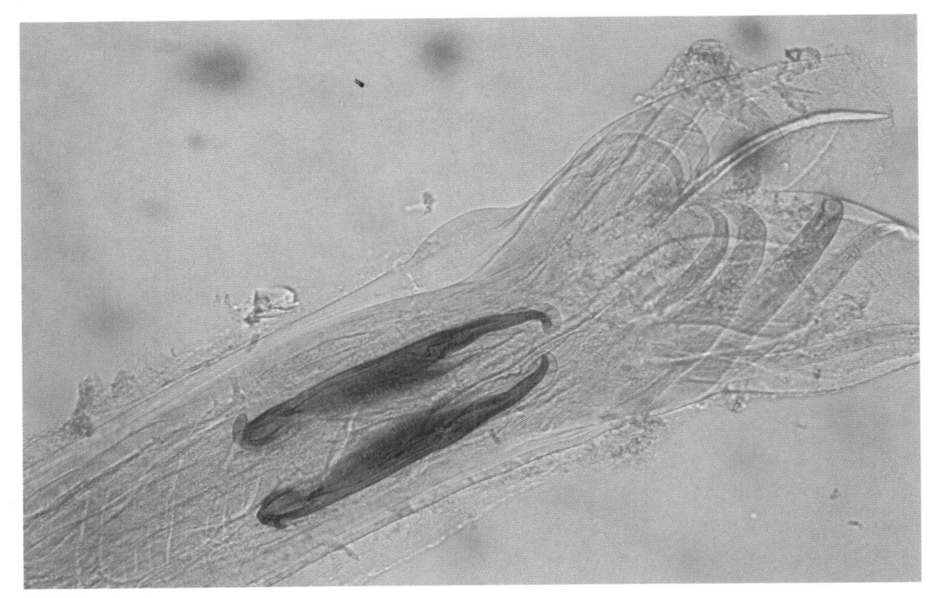

图5-38　三叉背带线虫的交合刺（2）

纺锤形，（70 ～ 100）μm×（10 ～ 15）μm，最宽处位于前端，为10 ～ 15μm，尾端狭窄。

雌虫：10mm。很难与环纹背带线虫的雌虫相区别。阴门开口比环纹背带线虫稍近（距尾端1.75mm），且阴部无唇片。

马歇尔线虫属（*Marshallagia*）

马氏马歇尔线虫（*Marshallagia marshalli*）

寄生部位：小肠。

口腔前庭小，但分化较好，无口囊和颈翼。颈乳突高度发达，方向朝后。头棘包含50 ～ 56条垂直于虫体表面的纵向嵴。

雄虫：10 ～ 13mm。生殖孔很大，有一条较长的背肋（280 ～ 400μm），靠近尾端处有分叉。有前囊乳突。交合刺（图5-39）细长（250 ～ 280μm），呈浅黄色，有3个分叉，中间部分有腹弯（侧面观察）。无引器。

雌虫：12 ～ 20mm。阴门开口距尾端2.5 ～ 5mm，尾部有端刺。

一些研究人员发现该虫有阴门盖，而另一部分研究人员则认为其没有阴门盖。

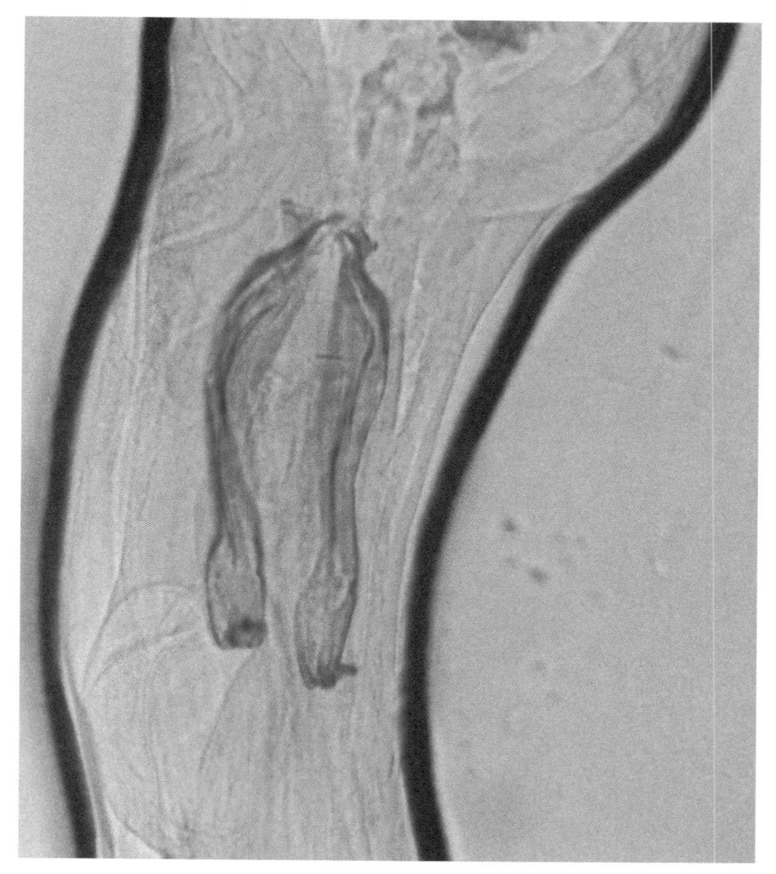

图5-39 马氏马歇尔线虫的交合刺

■ 细颈线虫属（*Nematodirus*）

寄生部位：小肠。

虫体细长，略带白色，常呈卷起的形态。虫体头端比尾端要厚，有口囊，无前囊乳突和颈乳突。虫体后部的表皮上有横纹。虫体头端前部膨胀见图5-40。

雄虫：8 ~ 16mm。交合刺是平的，呈丝状，很长（0.7 ~ 1.25mm），从虫体中伸出，与尾端结合在一起（图5-41）。无引器，但可通过（覆盖全身或后部的）膜聚集在一起。

雌虫：19 ~ 25mm。由于子宫内含有几个体格较大的虫卵，虫体在第三或第四节处膨胀。阴门开口于虫体后1/3处。尾端较短，大致呈圆锥形，钝平，有端刺（图5-42）。

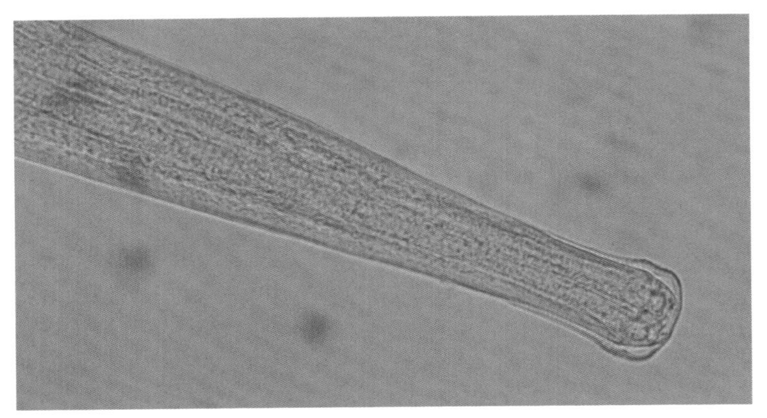

图5-40　头端前部膨胀

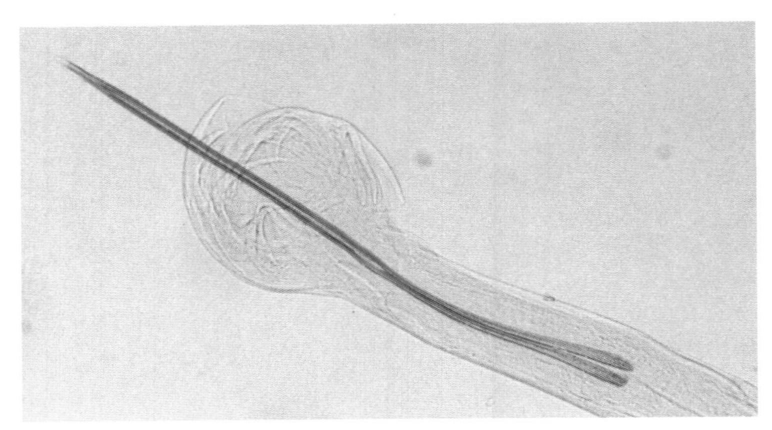

图5-41　和尾端融合在一起的长交合刺

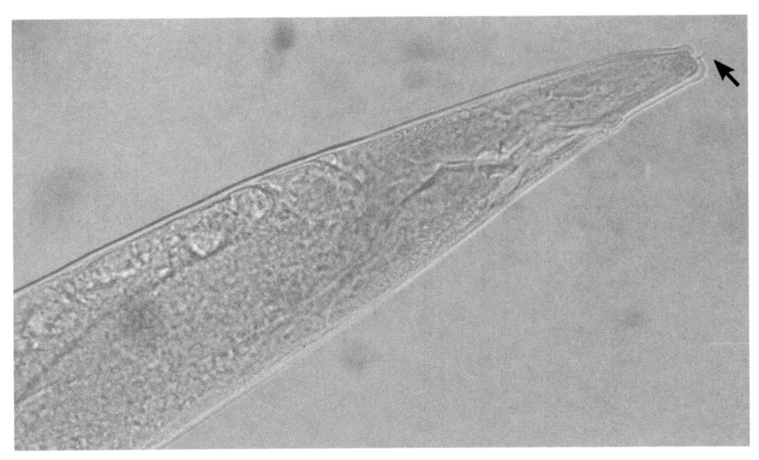

图5-42　尾端有端刺

尖刺细颈线虫（*Nematodirus filicolis*）

寄生部位：小肠。

雄虫：10 ～ 15mm。交合刺等长，长为680 ～ 950μm，细长，呈丝状，末端呈矛尖状（图5-43），长16μm，两根交合刺都有膜覆盖。

雌虫：12 ～ 20mm。由于子宫内含有几个较大虫卵，虫体在阴门至近尾端的位置增厚。阴门开口位于尾部1/3处稍前，大小为65 ～ 80μm，较长，是截断的，尾端有小刺。

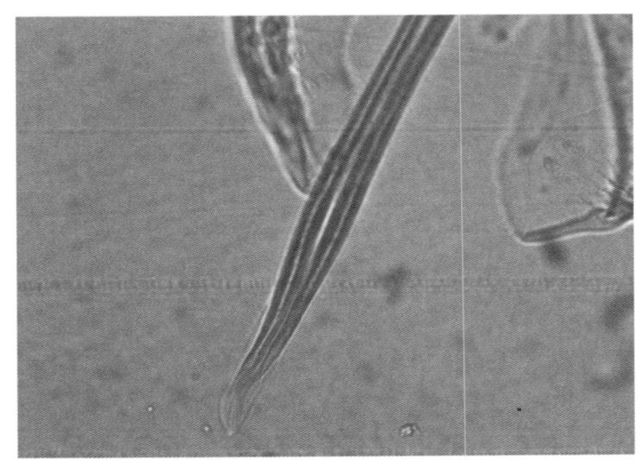

图5-43 尖刺细颈线虫的交合刺末端呈矛尖状

扁刺细颈线虫（*Nematodirus spathiger*）

寄生部位：小肠。

雄虫：10 ～ 19mm。两根交合刺尾部末端呈匙形（图5-44），有长16μm的钝形尖端，表面覆有膜。

雌虫：15 ～ 29mm。阴门开口靠近虫体后1/4处，尾端较钝。

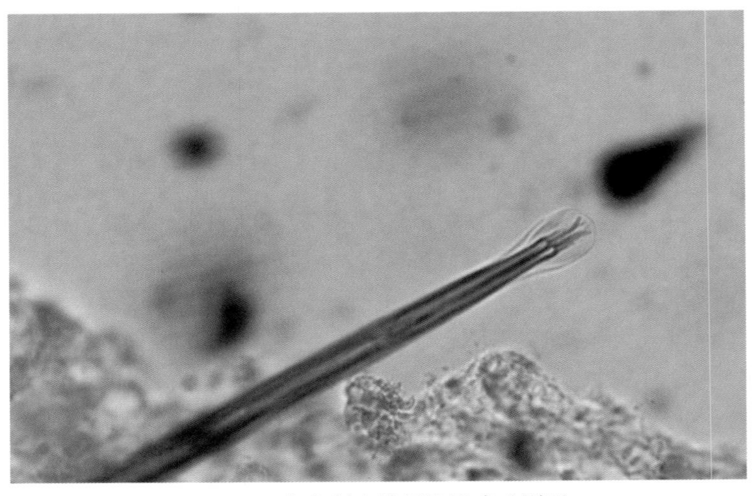

图5-44 交合刺尖端呈匙形或毛刷形

微黄细颈线虫（*Nematodirus helvetianus*）

寄生部位：小肠。

雄虫：11 ～ 17mm。交合刺长0.9 ～ 1.25mm，两根交合刺之间距离较近，有一个矛尖状的末端（图5-45），非常长（35μm），有尖，对称，表面有膜覆盖。

雌虫：18 ～ 25mm。阴门横向开口于距尾部末端1.2mm处，虫体尾端较钝，有短小的端刺。

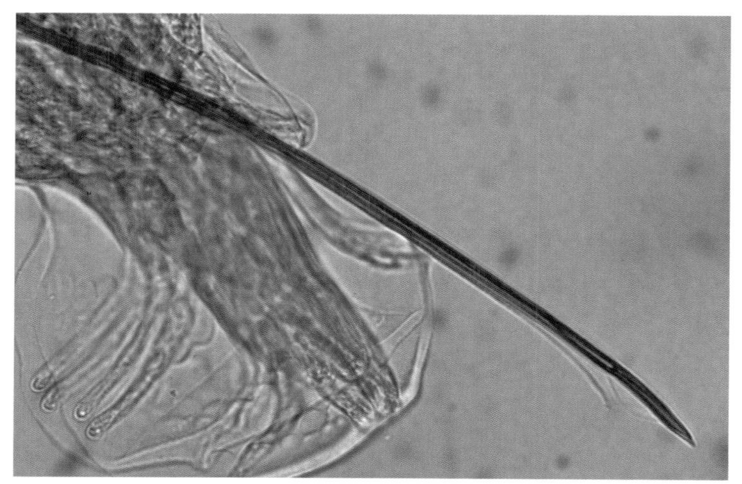

图5-45　微黄细颈线虫的交合刺末端呈矛尖状

毛首线虫属（*Tricuris*）

寄生部位：盲肠和结肠。

虫体头端和食管部分（图5-46）较后段更长更细，具有结构简单的口孔。

雌虫：35 ～ 70mm。虫体尾端（图5-47）稍稍弯曲，但不形成螺旋。阴门开口于虫体粗大部的起始处。雌虫体内的虫卵见图5-48。

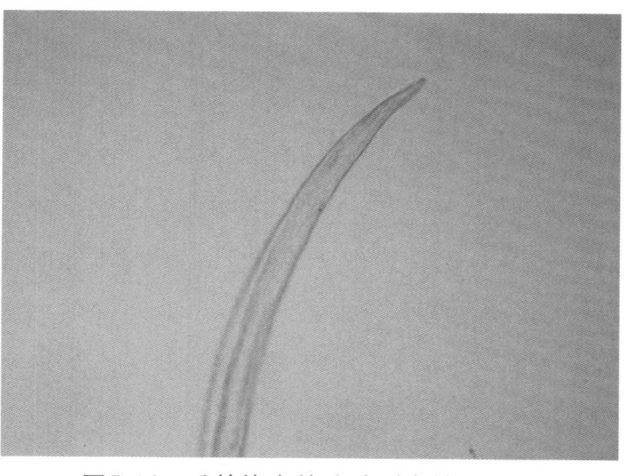

图5-46　毛首线虫的头端（食管部分）

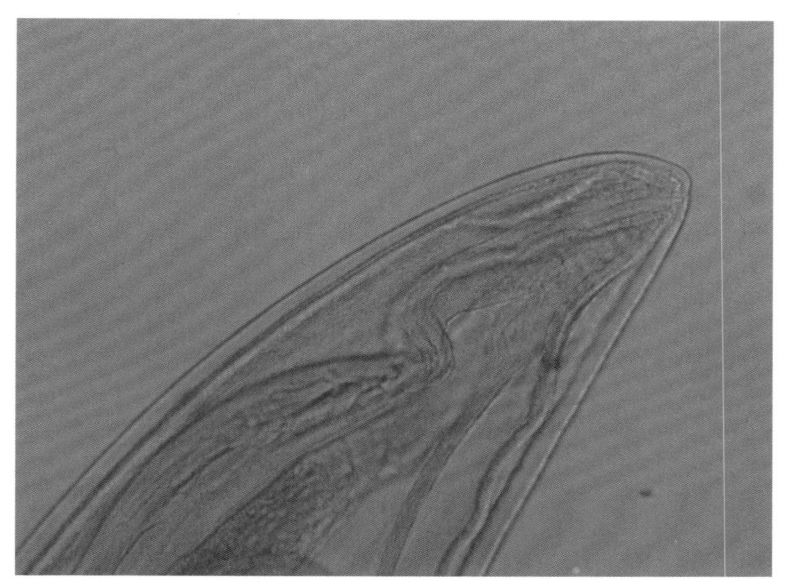

图5-47　毛尾线虫雌虫的尾端

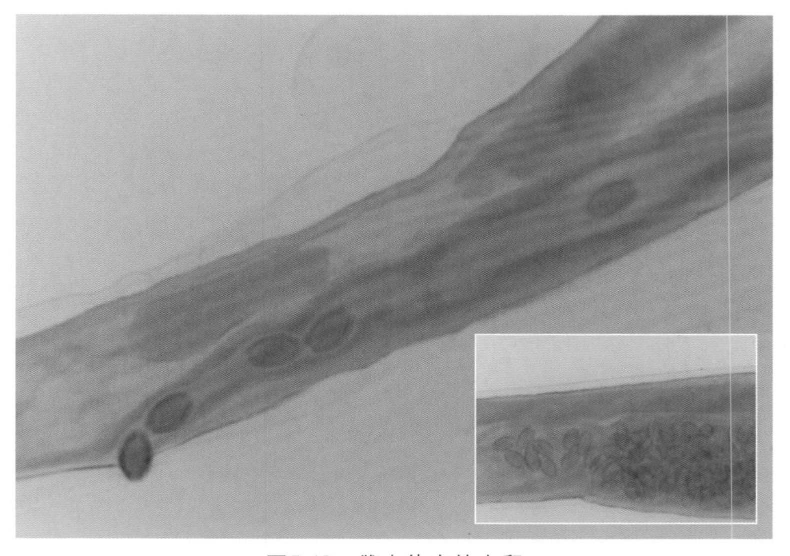

图5-48　雌虫体内的虫卵

雄虫：46 ~ 88mm。尾端呈螺旋状向背侧弯曲。交合刺：一根，表面被光滑突起的外鞘所包裹（图5-49），或表面有较细的小刺。图5-50展示了毛尾线虫的雄虫和雌虫。

图5-49　雄虫的尾端：交合刺和交合刺鞘

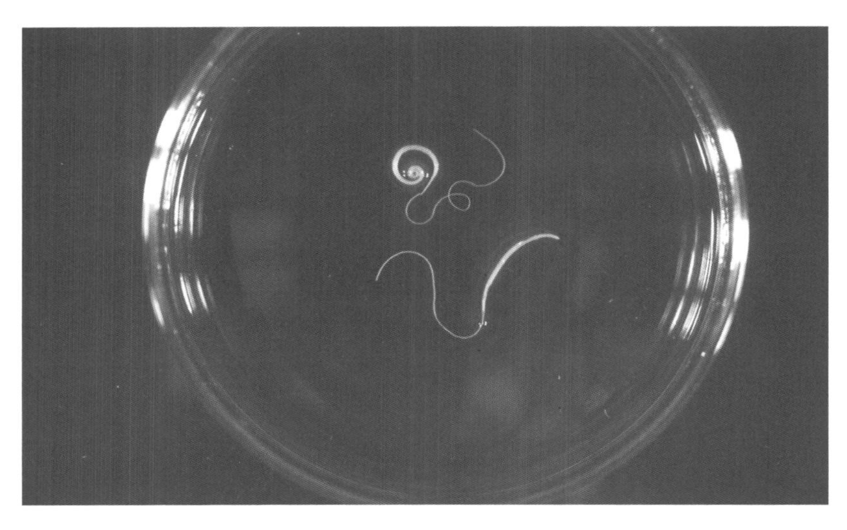

图5-50　雄虫（螺旋盘绕）和雌虫

绵羊毛首线虫（*Tricuris ovis*）

寄生部位：盲肠和结肠。

雄虫：32 ~ 88.6mm。虫体前端细长，占虫体总长的3/4。食管长22 ~ 25mm。交合刺完全内陷，大小为（4.67 ~ 8.58）mm×（0.06 ~ 0.21）mm。

交合刺鞘大小为（0.54 ~ 4.32）mm ×（0.04 ~ 0.10）mm，当交合刺部分内陷时，可见交合刺鞘远端膨大呈椭圆形（图5-51）。

交合刺鞘整个表面覆盖有小刺，近端的刺要比远端的大一些。

雌虫：32 ~ 87mm。食管长为20 ~ 66mm（占虫体总长的2/3 ~ 4/5）。阴门（图5-52）开口位于食管末端后，突出于虫体表面，被棘突状的乳突遮盖。

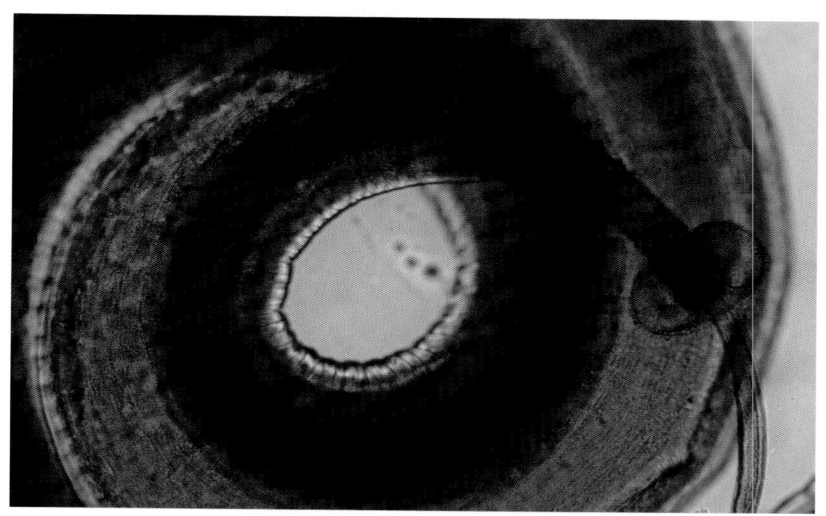

图5-51 膨胀的交合刺鞘（背侧方向的刺在减小）

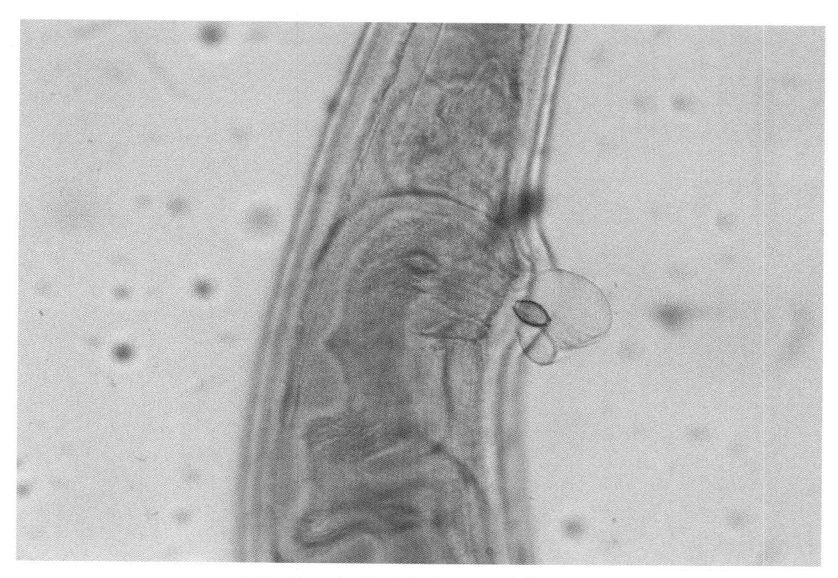

图5-52 绵羊毛首线虫雌虫的阴门

球鞘毛首线虫（*Tricuris globulosa*）

寄生部位：盲肠和结肠。

雄虫：38 ～ 74mm。食管长30 ～ 60mm（约占虫体总长的2/3）。交合刺长4 ～ 4.9mm。交合刺鞘的整个表面被锥刺所覆盖，锥刺在近端变小，稍向前方倾斜。交合刺鞘未内陷时，在距交合刺末端0.80mm处可见其末端膨大（图5-53）呈圆盘形或球形。在膨大的部位前方常常可见横纹。

雌虫：42 ～ 75mm。食管长50 ～ 60mm（约占虫体总长的3/4）。阴门（图5-54）不显著，位于食管和尾端的交界处。

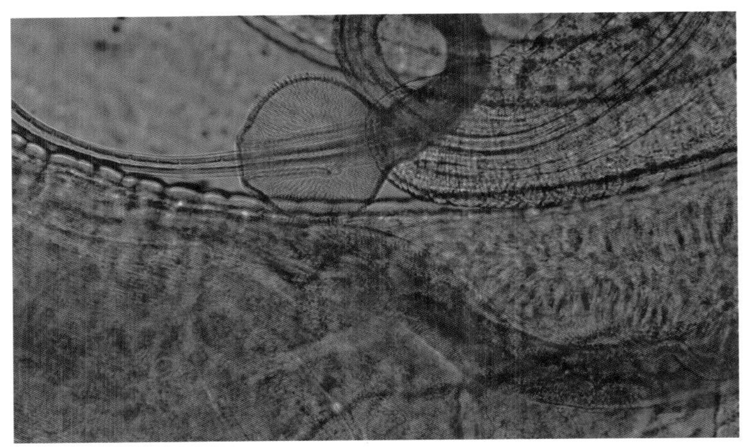

图5-53　球鞘毛首线虫雄虫：膨胀的交合刺鞘（刺在近端方向减小）

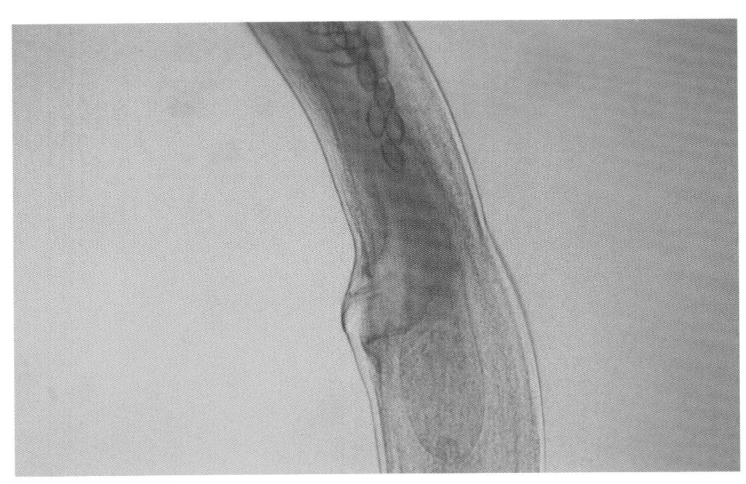

图5-54　球鞘毛首线虫雌虫：阴门的放大图

斯氏毛首线虫（*Tricuris skrjabini*）

寄生部位：盲肠和结肠。

雄虫：36 ~ 59.5mm。食管占虫体总长的2/3。交合刺大小为（0.84 ~ 1.5）×（0.01 ~ 0.04）mm，弯曲，稍有颜色，包裹在鞘内。交合刺鞘被大小相同的小刺包裹（图5-55），整个交合刺鞘没有膨大或隆起的部分，当其部分内陷时，其近端比远端要细。

雌虫：59.2mm。食管占虫体总长的3/4。阴门（图5-56）开口位于食管和肠道连接处的稍后方，明显突出于腹侧表面，从前向后略微倾斜。

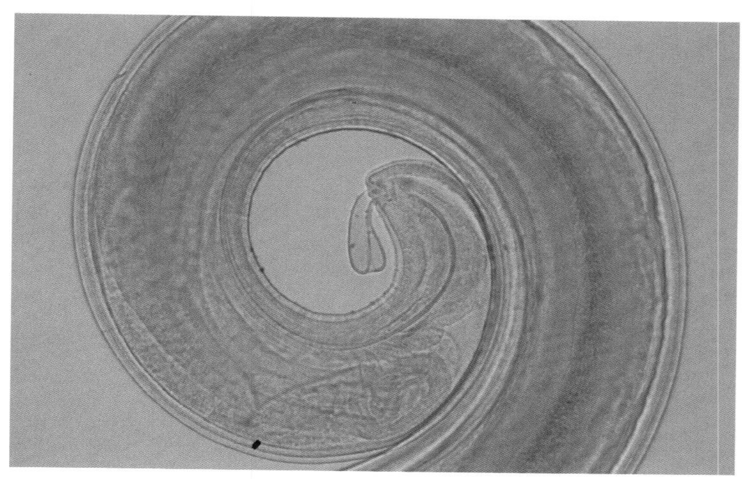

图5-55 斯氏毛首线虫雄虫：交合刺鞘（大小相同的小刺）

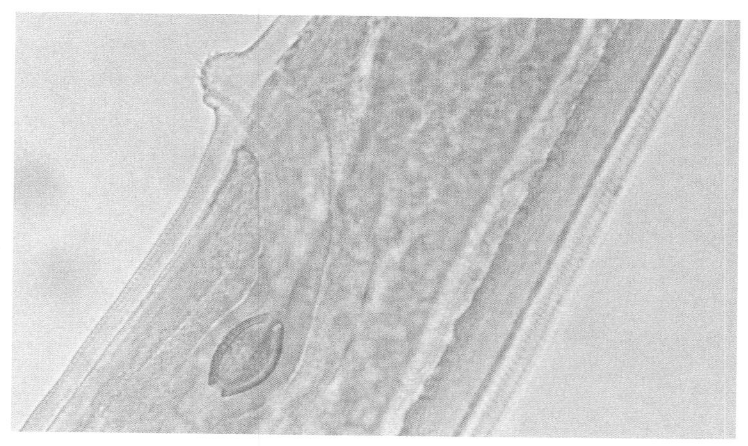

图5-56 斯氏毛首线虫雌虫：阴门的放大图

斯克里亚宾属（*Skrjabinema*）

绵羊斯克里亚宾线虫（*Skrjabinema ovis*）

寄生部位：盲肠和结肠。

口孔有3个唇片，每个唇片都有一枚齿状结构和三枚小中排硬齿。虫体头端（图5-57、图5-58）有侧翼。圆柱形的食管末端膨大呈球形灯泡状。

雄虫：尾端呈标准的圆形，表皮上有一个由两对突起所支撑的隆起。尾端（图5-59）向内侧弯曲，呈钩形。交合刺只有一根，呈箭状。泄殖孔旁有两个前倾且不对称表面有乳突的膨胀部分，还有一个中等大小的乳突。泄殖孔和膨胀部分之间，有一对花梗状的乳突。有引器。

雌虫：阴门开口于虫体中部的稍前方。在成熟雌虫体内充满着虫卵。

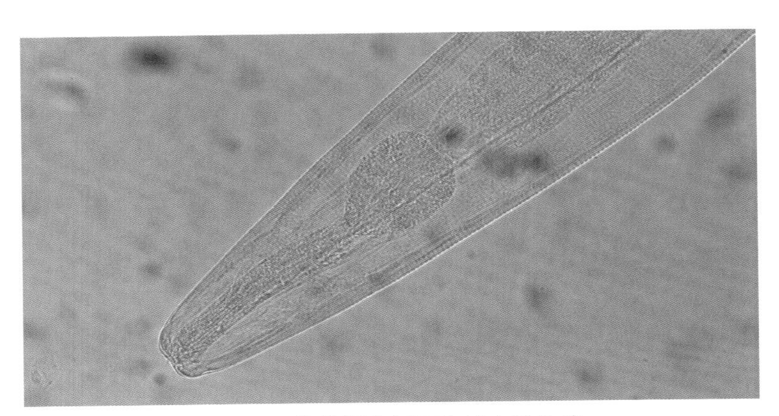

图5-57　绵羊斯克里亚宾线虫的头端

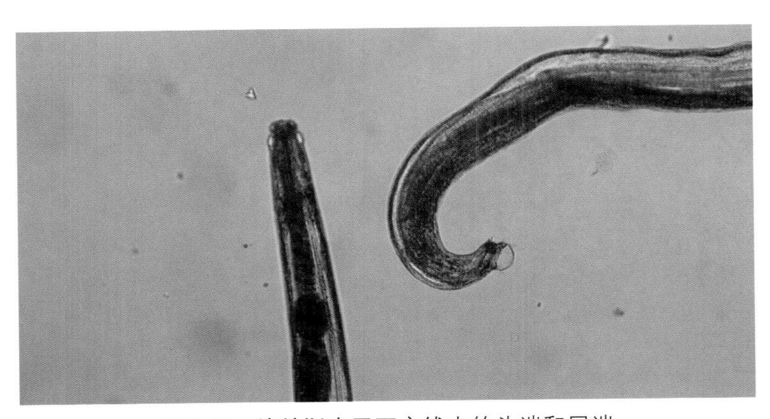

图5-58　绵羊斯克里亚宾线虫的头端和尾端

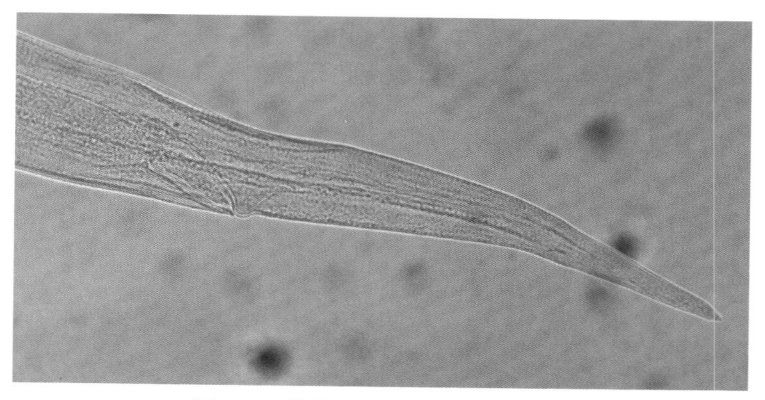

图5-59 绵羊斯克里亚宾线虫的尾端

■ 类圆线虫属（*Strongyloides*）

乳突类圆线虫（*Strongyloides papillosus*）

寄生部位：小肠。

成虫（图5-60）：9mm × 0.12mm。

雌虫：虫体小，无色，细长，前端瘦长。口孔开口很小，具有不定型的唇片和一个微小的口囊。表皮有细小的环纹。肛门位于末端钝圆且长度较短的尾

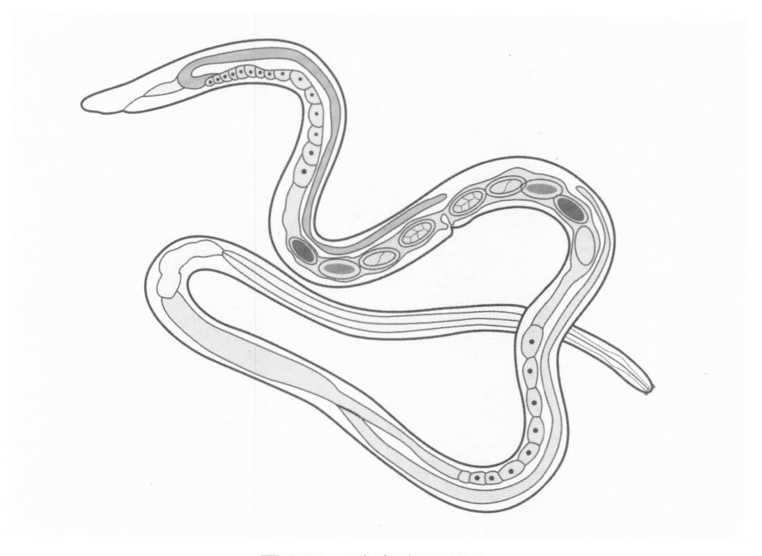

图5-60 乳突类圆线虫

端的前部。阴门位于虫体后1/3处，靠近中间的位置，直接与双管形子宫的两条分支相连接。生殖器呈管状，并以螺旋状环绕在肠管上。

毛细线虫属（*Capillaria*）

牛毛细线虫（*Capillaria bovis*）

寄生部位：小肠。

形态：毛发状寄生虫，微带黄白色，有时可呈浅黄色。口孔开口较小，结构简单，无口囊。表皮有细微的与各种条带相交叉的横纹。食管几乎占虫体总长度的1/2，向后逐渐增厚。

雄虫：8 ~ 13mm。一根交合刺，细长，无色。有些雄虫可能没有交合刺，其交合刺的位置只有一个交合刺鞘；但是，只寄生在哺乳动物上的雄虫都具有交合刺。交合刺鞘表面有刺突或光滑，该特征可用于区别不同的虫种。尾端有一对被透明的膜连接的小侧叶，偶尔会被误认为是交合伞。尾端的表皮可膨大形成小囊泡。排泄孔在虫体末端或靠近末端处。

雌虫：12 ~ 25mm。尾端或圆或钝。阴门开口靠近食管后部，向前拱曲，常被钟形的附属物覆盖。雌虫子宫中的虫卵见图5-61。

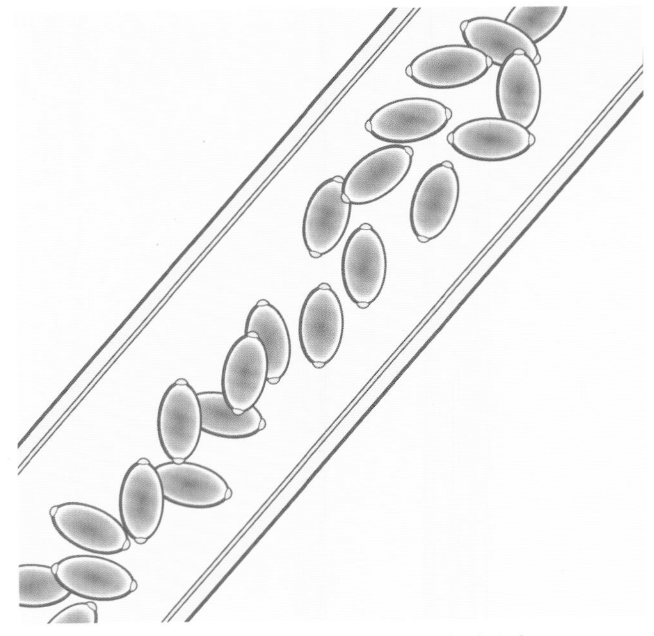

图5-61　牛毛细线虫雌虫子宫中的虫卵

■ 筒线属（*Gongylonema*）

美丽筒线虫（*Gongylonema pulchrum*）

寄生部位：食管黏膜内层的褶皱处或食管黏膜下层，偶可见于瘤胃。

形态：非常长且细的蠕虫。口孔开口狭窄，有背唇和一个小腹唇，在其内表面各有一枚齿状物，以及一个窄小的侧唇。虫体的背侧和前侧的表面被厚度不同的纵列圆盘所覆盖。有一对发达但常不对称的颈翼。有两个头侧乳突、四个中线下的乳突和一对与神经环水平的颈乳突。虫体头端见图5-62。

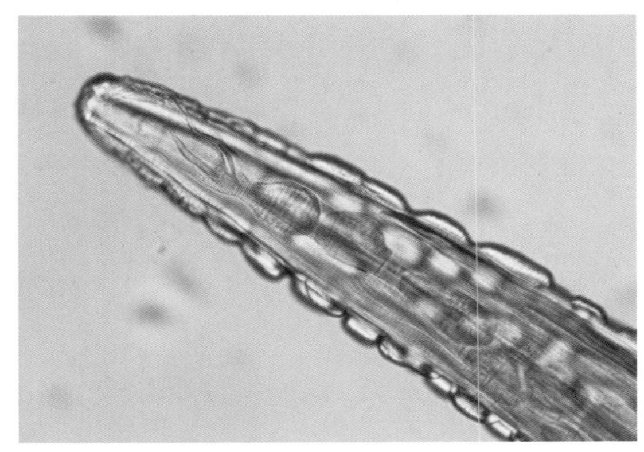

图5-62 美丽筒线虫的头端

雄虫：30 ~ 62mm。尾端有翼，有时不对称，且有分布不均的乳突。排泄孔距尾端220 ~ 350μm；有5对或6对长的、有蒂的排泄孔前乳突和4对排泄孔后乳突，在稍后的地方还有一些小乳突。两根交合刺（图5-63）差别很大，左边的较细，长4 ~ 23mm，右侧的较粗，长0.84 ~ 1.8mm。有引器，长70 ~ 120μm。

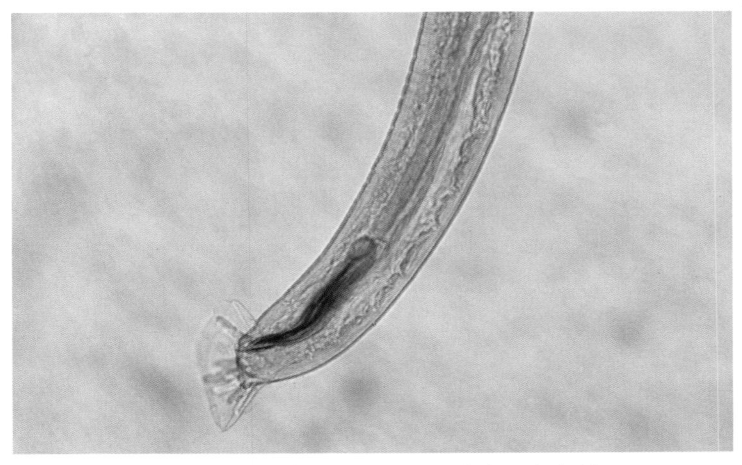

图5-63 美丽筒线虫雄虫的交合伞和交合刺

雌虫：大小为（80 ～ 145）mm×（0.3 ～ 0.5）mm。阴门开口距钝锥形的尾端2.7mm。

肺线虫

大型肺线虫：网尾线虫（*Dictyocaulus*）

在尸检中收集这种大型肺线虫成虫比较容易。然而，其他种类的肺线虫（原圆线虫）的成虫则较难发现，因此一般不利用成虫阶段进行诊断。对于兽医工作者和实验员来说，利用粪便中排出的第一期幼虫更有实际意义。因此本章节更多呈现的是幼虫的图片，而非成虫。如果读者对成虫的鉴别感兴趣，本书对成虫也有简略的描述。

丝状网尾线虫（*Dictyocaulus filaria*）

寄生部位：气管和支气管。

形态：虫体呈乳白色丝状，细长。口囊小，有四片唇，背侧和腹侧的唇片比侧面的大。

雄虫：25 ～ 80mm。交合刺等长，短粗，引器半透明，呈椭圆状，长为60μm。

雌虫：虫体较大（43 ～ 112mm），阴门开口靠近尾端，双卵巢，阴门两侧分别连接一个子宫。子宫内可见含有第一期幼虫的椭圆形虫卵［(112 ～ 135) μm×（52 ～ 67）μm］。

幼虫：丝状网尾线虫的第一期幼虫比毛圆线虫的第一期幼虫稍小［(500 ～ 580) μm×20μm］；从食管到肛门存在大量高密度的颗粒，因此这两种幼虫一般都呈黑色。前端表皮较厚，形成一纽扣状的结构（原生质突起）。后端略微呈弓形，末端较细，钝圆。丝状网尾线虫和原圆线虫的第一期幼虫见图5-64。

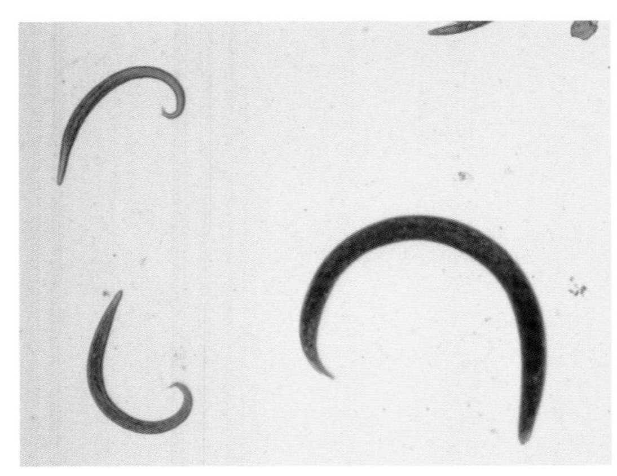

图5-64　丝状网尾线虫（大）和原圆线虫（小）的第一期幼虫

■ 小型肺线虫：原圆线虫

红色（柯氏）原圆线虫（*Protostrongylus rufescens*）

寄生部位：肺实质。

形态：虫体较小，略带红色。

雄虫：16 ~ 46mm。交合伞发达，有一结构复杂的引器（120 ~ 170μm）。交合刺较直，短粗，长230 ~ 340μm，有引器和一个发达的副导刺带。

雌虫：25 ~ 65mm。阴门开口靠近肛门，单卵巢。子宫内有大小为75 ~ 120μm的虫卵，产出时尚未分裂。

幼虫：第一期幼虫（长300 ~ 410μm），虫体透明，见图5-65。尾端呈刺刀样的长尖状，但是无刺。

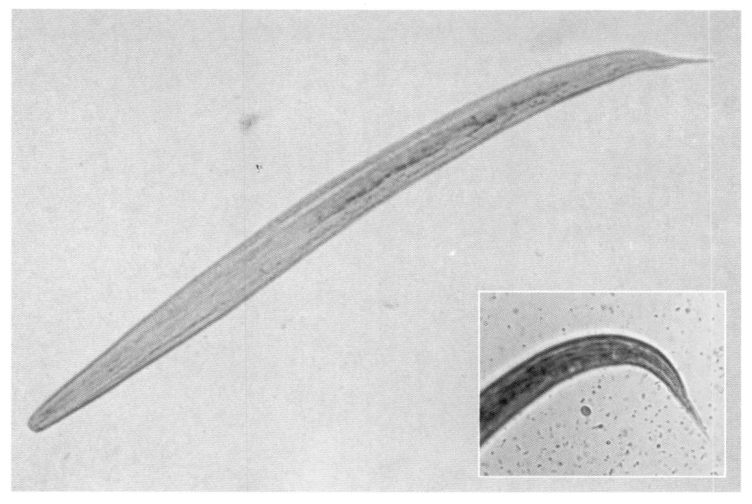

图5-65 柯氏原圆线虫的第一期幼虫

毛细缪勒线虫（*Muellerius capillaris*）

寄生部位：肺实质。

雄虫：11 ~ 14mm。交合伞不发达，后端呈螺旋状。交合刺弯曲，长140 ~ 160μm，引器仅由两根坚硬的条状结构组成。

雌虫：19 ~ 23mm。阴门开口靠近肛门，单卵巢，其后面有一个表皮膨胀结构。子宫内有大小约为100μm的虫卵，产出时尚未分裂。

幼虫：第一期幼虫（长250 ~ 320μm），虫体透明，见图5-66。尾端卷曲，呈波浪状，其近端有一根强有力的背刺。

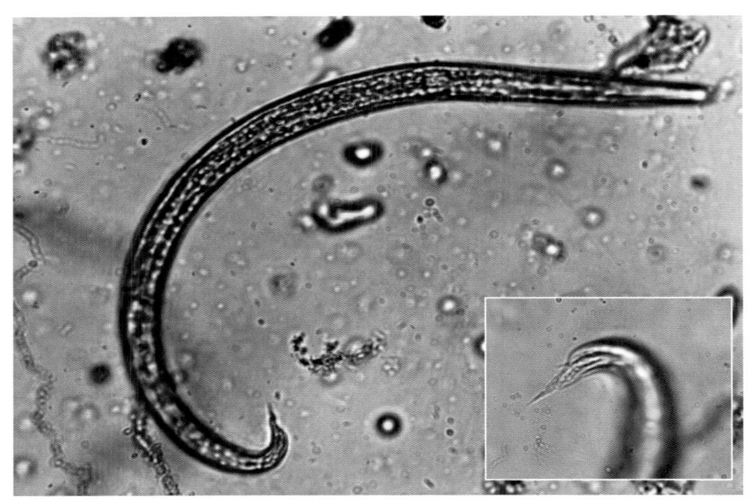

图5-66　毛细缪勒线虫第一期幼虫的尾端

带鞘囊尾线虫（*Cystocaulus ocreatus*）

寄生部位：肺实质。

形态学：虫体呈丝状。

雄虫：80 ~ 90mm，交合伞较小，交合刺长275 ~ 379μm。引器长120 ~ 174μm，有2个靴形尖角的延长体。

雌虫：13 ~ 16mm。阴门位于虫体后部，被钟形的表皮膨胀结构遮盖。

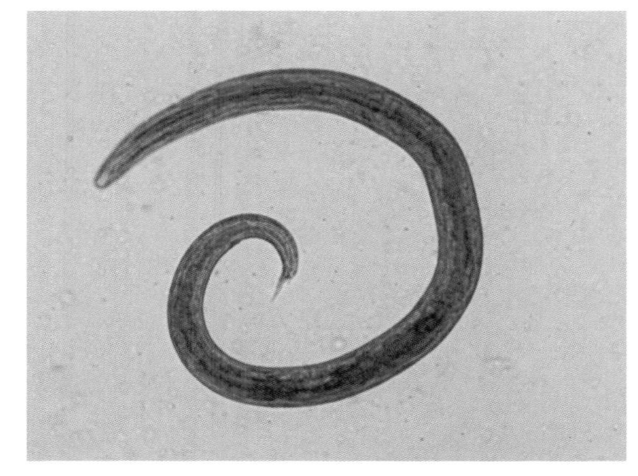

图5-67　囊尾线虫的第一期幼虫

幼虫：第一期幼虫（长340 ~ 490μm），虫体不透明（肠道富含颗粒物），见图5-67。尾端略有弯曲，末端呈尖状连接着两个部分：近端的较粗、弯曲；远端的较细较长，其末端呈尖状。紧挨着近端部分有一个背刺，在近端部分和远端部分的交界处有一对小钩。

线形新圆线虫（*Neustrongylus linearis*）

寄生部位：肺实质。

大小：非常小。

雄虫：5 ～ 8mm。交合刺不等长，分别为320 ～ 360μm和160 ～ 180μm。

雌虫：13 ～ 15mm。

幼虫：第一期幼虫（长300 ～ 400μm），虫体透明，见图5-68。尾端和带鞘囊尾线虫相似，连接着两个部分，连接处有两个小钩；但是，近端呈近似直角，其背刺难以辨别。

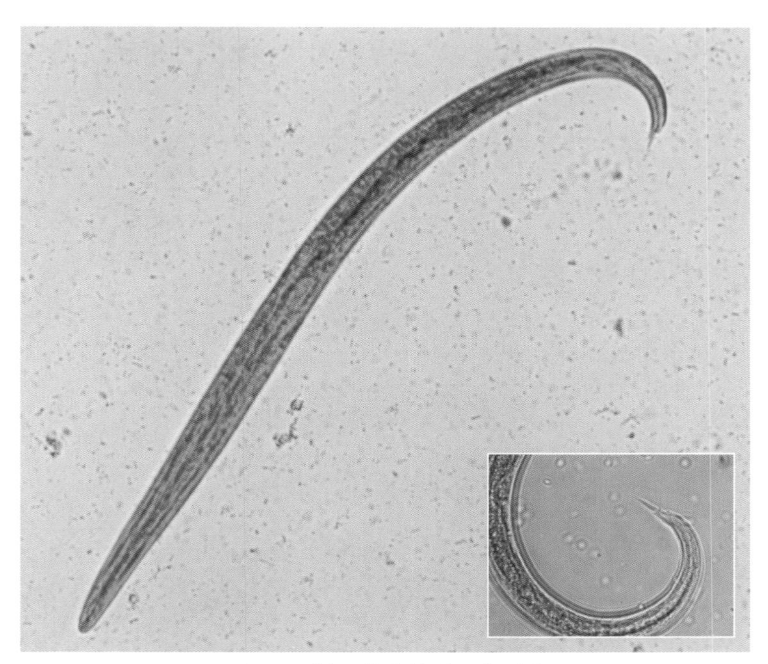

图5-68 新圆线虫的第一期幼虫

第6章　节肢动物

节肢动物是多细胞的无脊椎动物，体呈左右对称，具成对有关节的附器。几丁质的外骨骼无弹性，因此，其为了生长，在原有的几丁质外骨骼下生成新的几丁质外骨骼，以替换旧的，这个过程被称之为蜕皮或换羽。体节由膜状物相连，使得其身体具有一定的活动性。每一段几丁质节片由4块板组成：背面1块板（背板）、1块腹板（胸板）和2块侧板（肋板）。对小反刍动物而言，重要的外寄生虫是昆虫和蜱螨。

分类检索结构

节肢动物分类检索结构见图6-1。

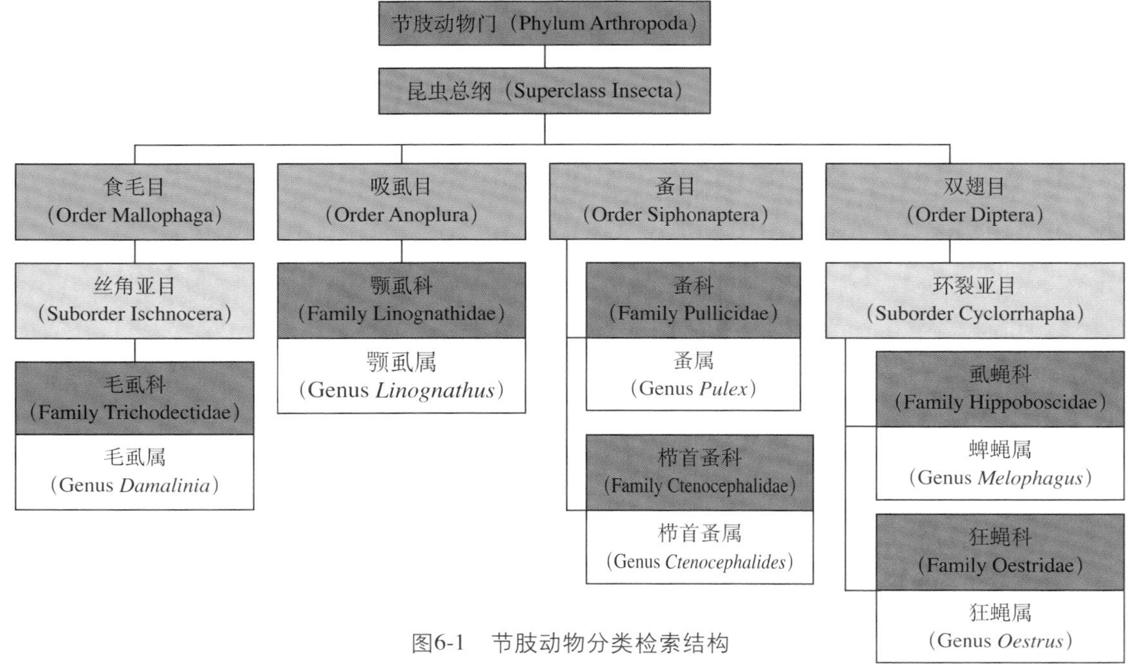

图6-1　节肢动物分类检索结构

虱

虱是永久性专性外寄生虫，有很强的宿主特异性。其典型特征为无翅，背腹扁平。足末端胫节上具爪，爪呈螯状，适于附着于其寄生的动物体表的厚毛上。虱在动物体表完成其整个生活史，在动物体表产卵，并将卵牢固黏附到动物毛干上。各发育阶段形态非常相似，主要的差异是体型大小。虱可作为某些疾病的传播媒介，但在兽医方面真正的重要性是其直接或间接的致病作用。虱分为两大群：吸虱目Anoplura（吸血虱）和食毛目Mallophaga（食毛虱）。吸血虱为嗜血性的，其在进食过程中会刺穿宿主表皮。食毛虱以脱落的皮肤为食，但是由于虱不断移动使得宿主动物产生瘙痒，宿主动物在抓痒过程中会抓破自身皮肤而引起病变。

■ 吸虱目（Anoplura）

大小：通常长为1.6 ~ 5mm。

形态：口器由内管或口针管组成，口针管的后部与一盲囊相连通，当虱休息时，刺吸式口针管可缩回到盲囊。头部除了口器外，还可见感觉器官，触角有3 ~ 5节，插在触角窝内，如具眼，应为简单的单眼。胸通常呈梯形或亚矩形（图6-2）。侧板（肋板）通常高度几丁质化。所有胸节融合，所以仅可见明显的呼吸孔。其典型特征为足强壮，胫节末端具爪。

腹部（图6-3）椭圆形，6 ~ 9节。肋板高度几丁质化，每节有一对清晰可见的呼吸孔。雌虱体末端具2裂片和生殖器开口（生殖孔）旁的1对附件（生殖肢）。雄虱体末端相对较圆，可见透明的针状阳茎。

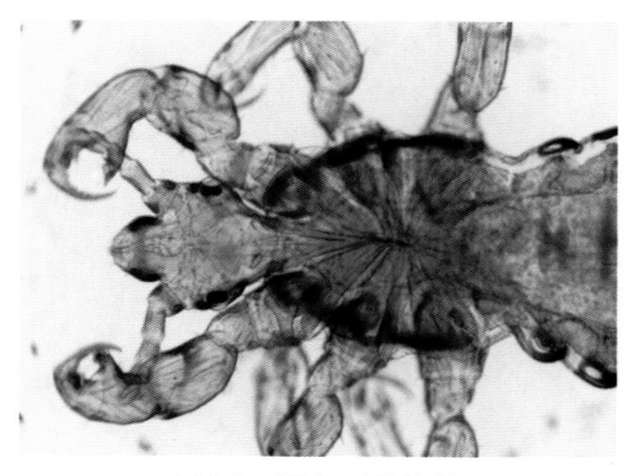

图6-2　吸血虱头和胸

图6-3　吸血虱腹部

颚虱属（*Linognathus*）

大小：1.6 ~ 2.8mm。

形态：无眼，腹部膜状，通常多毛，第一对足明显比其他的小。

绵羊颚虱（*L. ovillus*）又称脸和体虱，头大而扁，比胸长。

绵羊足颚虱（*L. pedalis*），又称足虱，常见于无羊毛覆盖的部位。

食毛目（Mallophaga）

食毛虱通常较吸血虱小，物如其名，其典型特征是腹面可见一咀嚼型的口器，因此其头前部呈圆形，且无毛，与身体其他部位等宽或略宽。如具眼，其结构较简单。

胸部最明显的一节为前胸，后面的两节中胸和后胸融合到一起，哺乳动物食毛虱的足虽然很不明显，但结构基本与吸血虱相似。

腹有9节，每节之间由宽的膜状区域分开，雄虱具有由一阳茎和附件结构组成的复杂生殖器结构。与吸血虱相似，雌虱典型特征是近尾部具生殖肢。

小反刍动物食毛虱属于毛虱属（*Bovicola*、*Damalinia*）。

绵羊毛虱［*Bovicola*（*Damalinia*）*ovis*］

大小：不超过1.5mm。

形态：具有典型的食毛虱目的形态特征，常见于绵羊腰部。

绵羊毛虱卵见图6-4，绵羊毛虱成熟幼虫见图6-5。

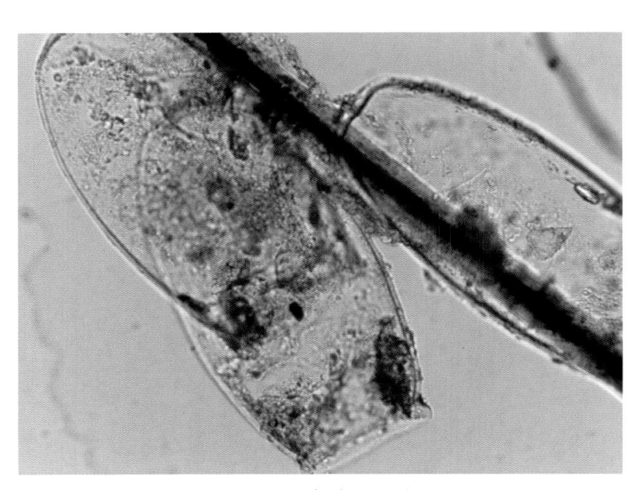

图6-4　绵羊毛虱卵

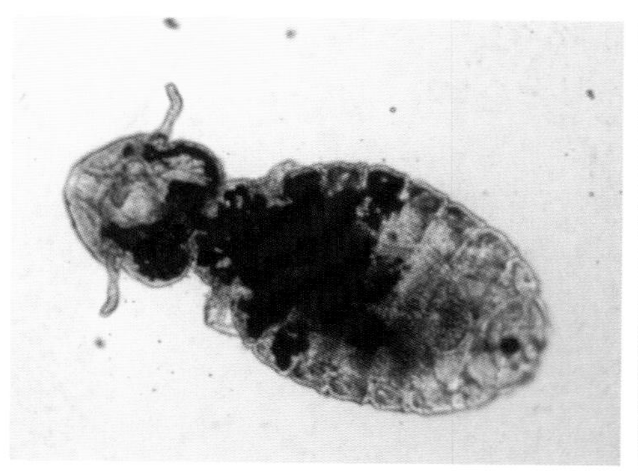
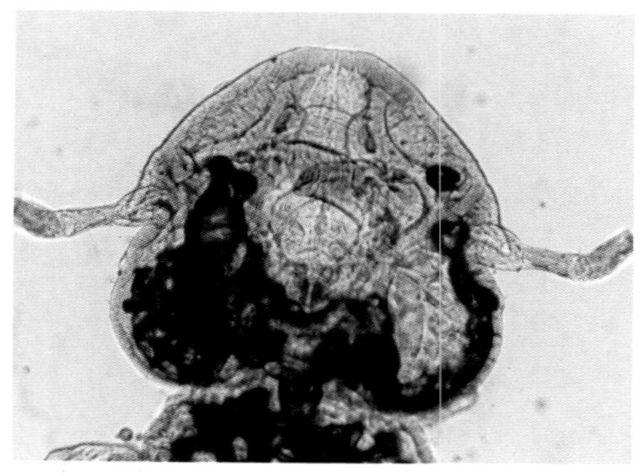

图6-5　绵羊毛虱成熟幼虫

蚤

成蚤为专性外寄生虫，其他发育阶段则离开宿主体发育。成蚤在动物体产卵，卵不黏附于动物体，而是跌落到地上（常见于动物经常待的地方，如圈舍、草垫等）。

幼蚤呈蠕虫样，白色，具叮咬式口器。离开宿主后，其以皮肤碎屑、毛发和含有未完全消化的血液的成蚤粪便为食，这就是为什么在其生长过程中为淡红色。

■ 蚤目（Siphonaptera）

大小：成蚤长1 ～ 6mm，雌蚤比雄蚤大。

形态：两侧扁平，体表布有向后的尖鬃毛，无翅。具有与昆虫的特征相对应的3对足，其足非常适合跳跃，尤其是第3对足。

头胸之间没有界限，头上具触角沟，棒状的触角隐藏于沟内。如具眼，为简单的单眼。某些属的蚤头上有梳子样的几丁质结构的颊栉或胸、前胸栉。是否具栉，栉的部位，刺的数量及形态常用于鉴定蚤的种类。

胸由三节组成，且每节界线明显。每节有1个背块（或背板）、1个腹块（或腹板）和2个侧块（或肋板）。足与每一胸节的胸板以关节相连，每条足有1个可自由活动的、非常大的扁平的基节。足末端具适于抓握的爪。

腹部短、宽，仅8节可见，其余的为变形节，主要发挥繁殖作用。背部近后端边缘的尾板由马鞍状小感觉器构成。雌蚤腹部呈非常规则的卵圆形，上具2个在分类上有重要意义的对称的受精囊。

雄蚤腹部下边缘较凸圆，透明，可见部分由延伸在阳茎板里的生殖器爪组成的生殖器甲复合物。

虽然成蚤在圈舍中常见，但在绵羊体很难观察到，所以没有发现只侵袭绵羊的蚤。反刍动物体最常见的两个种是猫栉首蚤（*Ctenoephalides felis*，见图6-6、图6-7）和致痒蚤（*Pulex irriians*），这两种蚤很容易与其他种类的蚤进行区分。

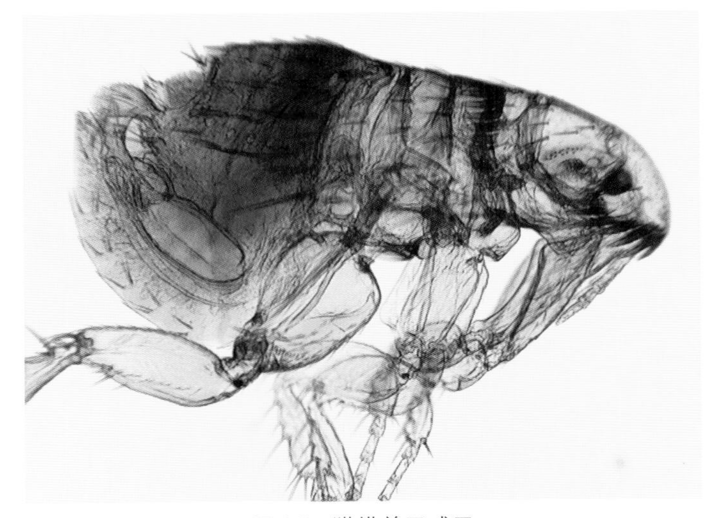

图6-6　猫栉首蚤成蚤

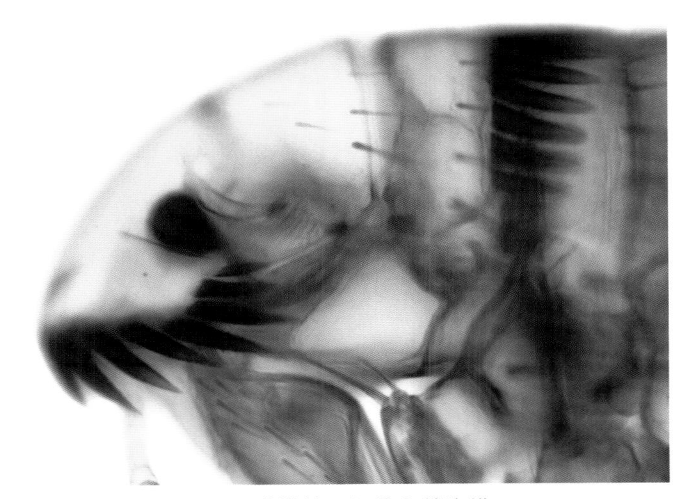

图6-7　猫栉首蚤颊栉和前胸栉

致痒蚤（*Pulex irriians*）

被认为是人蚤，头圆形，无栉，眼发育良好，每只眼下具一特征性的眼鬃（图6-8至图6-12）。

图6-8 致痒蚤成蚤

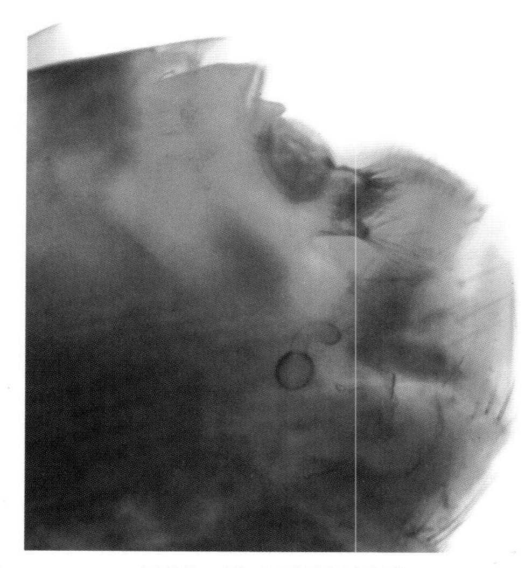

图6-9 致痒蚤雌蚤尾端

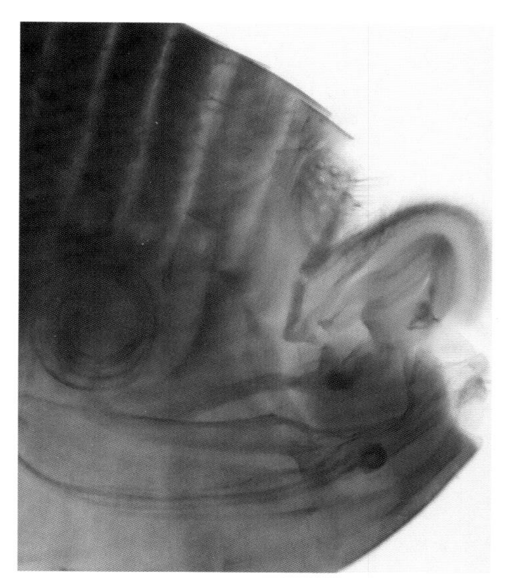

图6-10 阳茎板和尾板

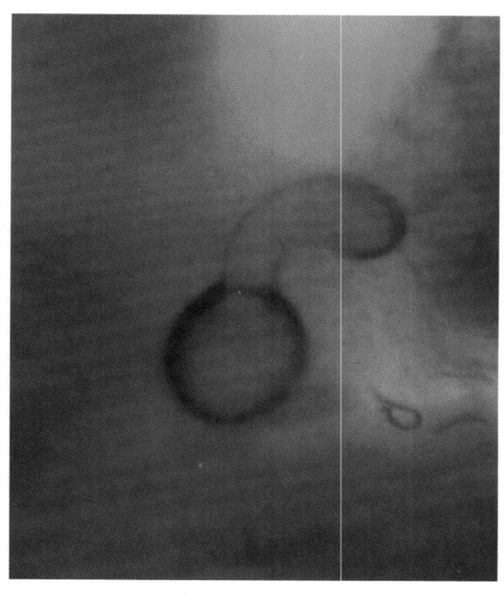

图6-11 致痒蚤受精囊

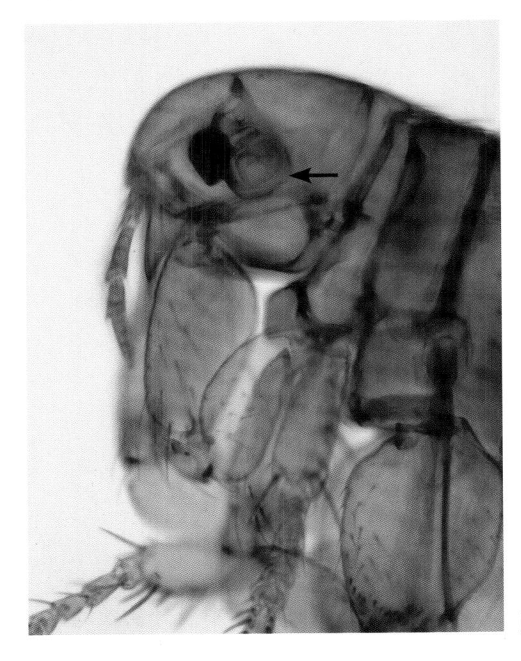

图6-12　触角窝和触角

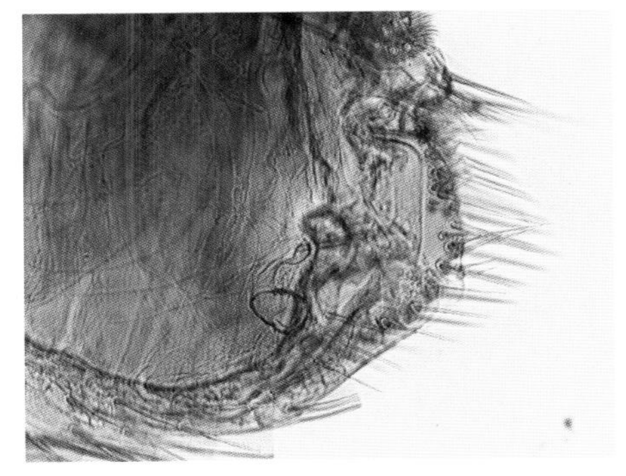

图6-13　猫栉首蚤受精囊

猫栉首蚤（*Ctenoephalides felis*）

通常寄生于犬和猫。猫栉首蚤的主要特征是头长是宽的两倍。由于其头较宽，所以具发达的眼，且具颊栉和前胸栉。颊栉平置，至少具6个尖刺，第1、2尖刺等长。猫栉首蚤受精囊见图6-13。

蝇

感染绵羊的双翅目昆虫有繁多的种类和生理学特征，因此其种类的鉴别较为复杂。本部分内容采用较为简单的方式，以蝇类致病的不同发育阶段为先后顺序排列，重点叙述绵羊常见的双翅目寄生虫，其他的种类偶尔也会提及。首先详细描述幼虫的感染，然后讨论成蝇。

蝇蛆病

蝇蛆病是由双翅目昆虫幼虫感染动物引起的疾病，这些幼虫至少在某一时期以活或死的宿主组织、体液或消化的食物为食。根据其在宿主体寄生的部位可分为体外、皮肤、体内或体腔内几种蝇蛆病。

■ 体腔内蝇蛆病

狂蝇蛆病可能是人们最为熟知的绵羊体腔内蝇蛆病。

■ 双翅目（Diptera）

羊狂蝇（*Oestrus ovis*）

成蝇（10 ~ 13mm）眼小，淡灰色，在背、胸和腹部有黄色条纹，体被深色毛。生活史短暂，因此难于被发现和鉴定。

幼虫蜕皮两次，从1.3 ~ 1.5mm的一期幼虫生长到20 ~ 30mm的三期幼虫。新发育成的三期幼虫呈淡黄色，但成熟后每节上会发育出深色条纹。体呈拉伸的卵圆形，腹面扁平，背面凸起。后气门由2个圆角的亚五角形大气门板和1个中央纽扣组成，后气门表面具很多小孔口。

雌蝇于羊鼻前庭产幼虫，幼虫移行过鼻甲腔，蜕皮发育到下一阶段，最后到达鼻窦。一旦发育到三期幼虫，其会按照进入的路线返回到鼻前庭，跌落到地上化蛹，然后发育为成蝇（图6-14至图6-16）。

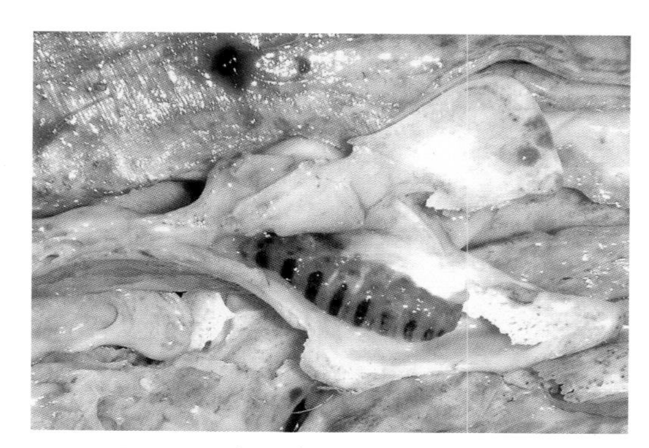

图6-14　鼻窦中的羊狂蝇三期幼虫

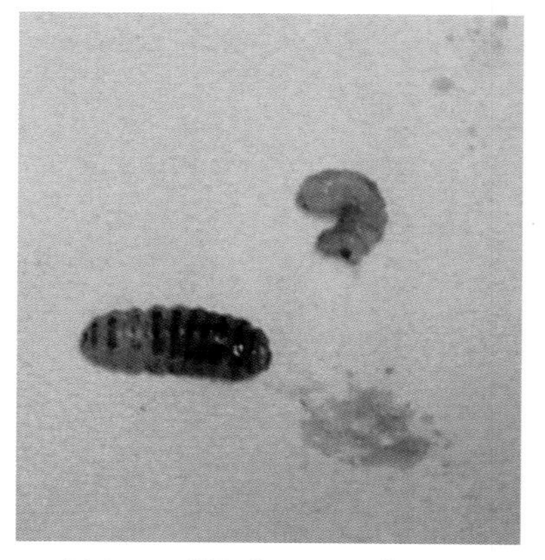

图6-15　羊狂蝇二、三期幼虫

图6-16　羊狂蝇蛆病引起的鼻分泌物增加

■ 皮肤蝇蛆病

双翅目几个属的昆虫可将卵（或幼虫）产在宿主皮肤上，从而引起原发或继发性蝇蛆病（图6-17）。原发性蝇蛆病是由孵化出的幼虫（图6-18）用钩固定在宿主皮肤上，并释放蛋白水解酶，导致健康皮肤穿孔，幼虫采食皮肤组织所引起，如绿蝇（*Lucillia*）、伏蝇（*Phormia*）和丽蝇属（*Calliphora*）的某些种。继发性蝇蛆病由伤口感染引起，如剪羊毛、断尾时的损伤以及蜱离开宿主体时留下的小病理损伤，这些创伤成为幼虫在采食和发育过程中进入组织的入口，如金蝇（*Chrysomyia*）、巨沟蝇（*Megaselia*）、污蝇（*Wohlfartia*）、麻蝇（*Sarcophaga*）和某些种类的丽蝇。欧洲盘羊蹄部的幼蝇见图6-19。

图6-17 皮肤蝇蛆病

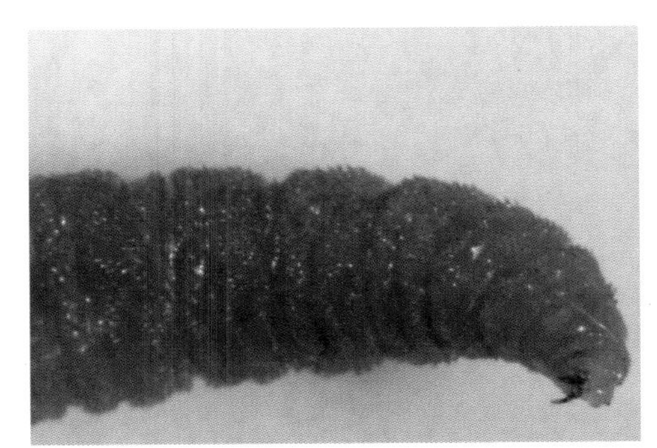

图6-18 幼蝇前端

图6-19 欧洲盘羊蹄部的幼蝇

幼虫的形态与其他种类蝇类似，一些小的差异在本书中将不再提及。位于最后一腹节的呼吸孔在分类上有重要意义。

成蝇

虱蝇科（Hippoboscidae）的典型特征为其幼虫在雌蝇子宫内发育，在蛹或若虫阶段离开母体。成蝇很粗壮，外皮皮革化。体呈背腹扁平，与虱很相似。头与胸连接处几乎无法移动，雌、雄蝇都为吸血性的。某些属，如虱蝇属（*Hippobosca*）的蝇翅具功能，但只能短距离迟缓飞行。其他种类，如蜱蝇属（*Melophagus*）的蝇翅退化，足末端具锋利锯齿状的爪，使其可以抓住宿主毛发。

■ 绵羊蜱蝇（*Melophagus ovinus*）

为专性寄生蝇，大小为3 ~ 5mm，红棕色，腹部深色。身体上布满稠密粗壮的毛，而且有一些较长的鬃毛。头宽短，胸、腹背腹扁平。足上具爪，翅缺失（图6-20、图6-21）。这些形态特征与虱很相似，为永久性外寄生虫，具叮咬式口器。绵羊蜱蝇引起的皮肤病变见图6-22，寄生于绵羊腰部的绵羊蜱蝇见图6-23。

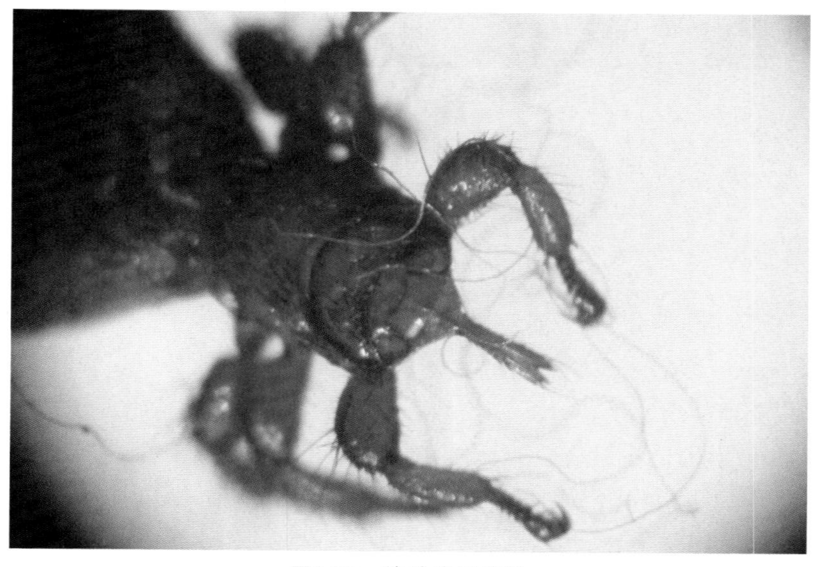

图6-20　绵羊蜱蝇前端

图6-21　绵羊蜱蝇成蝇

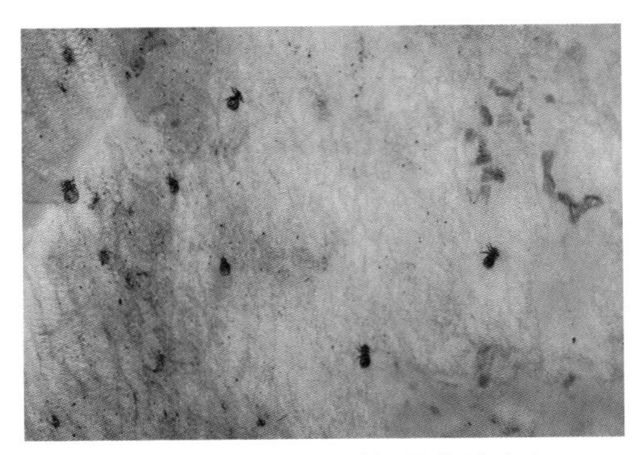

图6-22　绵羊蜱蝇引起的皮肤病变

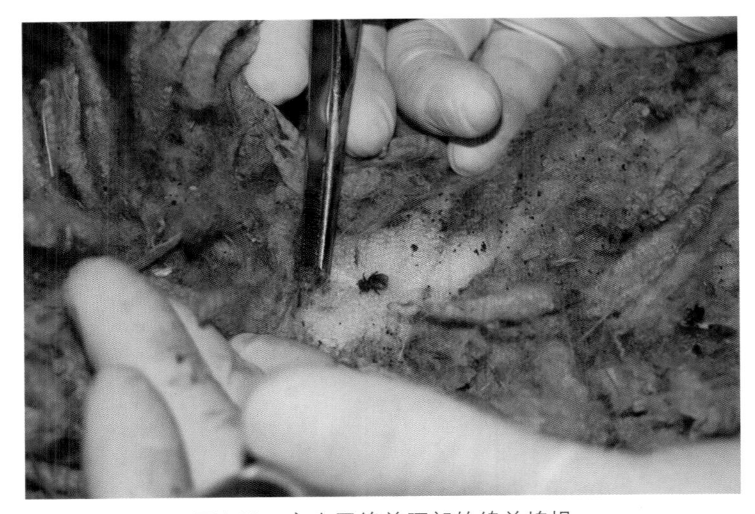

图6-23　寄生于绵羊腰部的绵羊蜱蝇

蜱螨

绵羊的蜱螨分属于两个目：真螨目Acariformes（螨）和寄螨目Parasitiformes（蜱）。此两个目的虫体具有类似圆形的躯体、口器（假头或颚体）和由躯体伸出的足。

口器位于躯体腹面或前端，由源自假头基的口下板、一对螯肢和一对须肢组成。其中口下板为吸血时的主要附着器官，上有逆齿；螯肢分为2～3节，末端为针状或钳状，分列于口下板的两侧，主要功能是切割宿主的皮肤；须肢主要发挥感觉和支撑保护作用。

足（幼蜱三对，若蜱和成蜱四对）由躯体向外伸出，共分为六节：基节、转节、股节、胫节、后跗节和跗节，末端为爪。有些蜱螨具气门板，有些在躯体背侧第二或第三对足水平，靠近盾板边缘处具有一对单眼。有些蜱螨躯体可能覆盖背板（因发育阶段不同而有所差异）、刚毛、板或革质体壁。

■ 分类检索结构

蜱螨分类检索结构见图6-24。

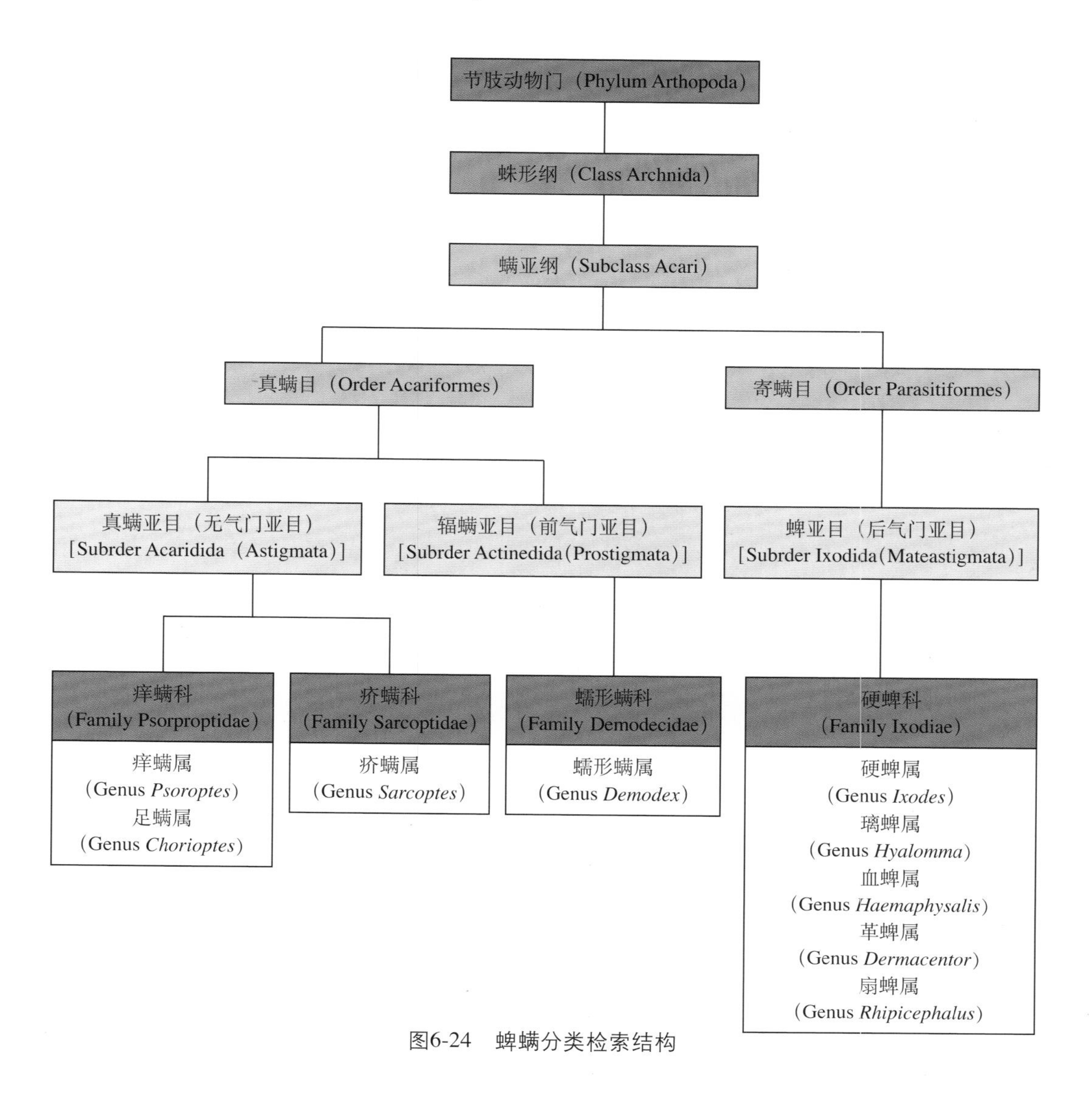

图6-24 蜱螨分类检索结构

■ 生活史

人疥螨（*Sarcoptes scabiei*）

雌螨在皮肤角质层挖掘洞穴并在内寄居，直至死亡。在两个多月的时间内，雌螨每天可产1 ～ 3枚卵。具有6条足的幼螨从卵中孵出后移行至皮肤表面，在此期间，其可利用宿主的毛囊保护自己并摄取营养，或驻留在与其母系雌螨寄居的洞穴垂直的洞内（蜕皮洞）。幼螨在此蜕变为若螨（有两个若螨期），其活动特征同幼螨。一旦蜕变为成螨，就在皮肤表面交配，受精的雌螨挖掘新的洞穴并寄居（图6-25）。从卵孵化到雌螨成熟产卵需要10 ～ 14d。

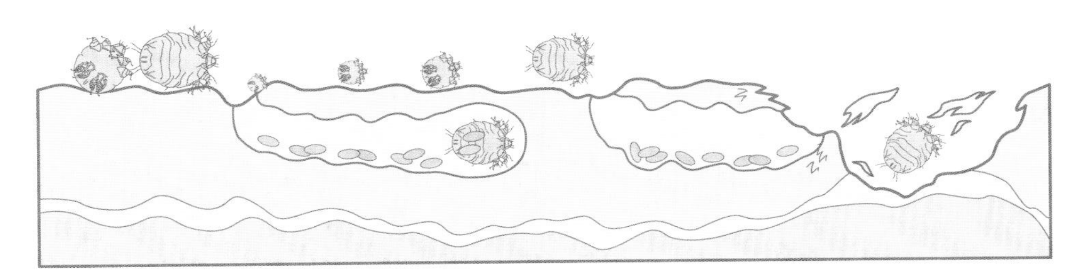

图6-25　人疥螨的生活史

其他螨类的生活史在各发育阶段与上述基本相同，差异是足螨和疥螨寄生于皮肤表面，而蠕形螨寄生于毛囊中。

卢西璃眼蜱（*Hyalomma lusitanicum*）

受精的雌蜱从皮肤脱落，在地面产卵，一段时间后，幼蜱孵出，孵化时间一般为春季（5—6月），之后非常活跃地寻找第一个宿主。虽然该蜱可寄生多数哺乳动物，但与兔的关系更密切。幼蜱吸血后脱离宿主，在地面蜕变为若蜱，并在春末夏初（6—7月）侵袭第二个宿主，通常也为兔。若蜱在地面蜕变为成蜱，之后等待春末、夏初或秋初等环境条件最佳的时机侵袭第三个宿主。当温度和湿度适宜时，蜱会爬到草上等待宿主通过时侵袭。该阶段的蜱宿主特异性不强，可侵袭多种家畜和野生的有蹄类哺乳动物。吸血和交配后，雌蜱从宿主体脱落，在落叶下寻找一个隐蔽处产卵。卢西璃眼蜱是一种适应高温和旷野的三宿主蜱（其生活史已适应了旷野条件，见图6-26）。

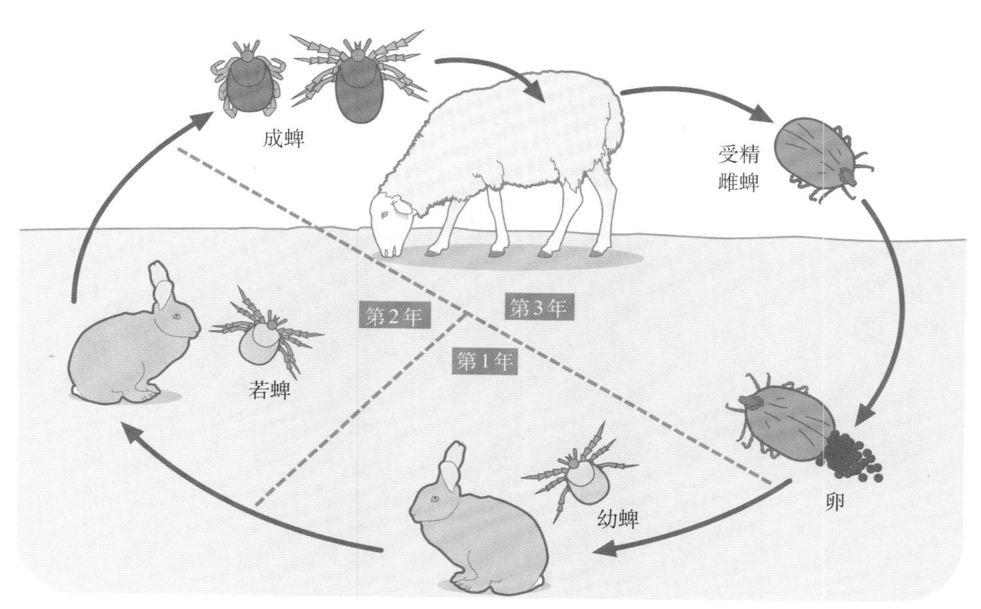

图6-26　三宿主蜱：卢西璃眼蜱

■ 囊形扇头蜱（*Rhipicephalus bursa*）

受精后的雌蜱从皮肤脱落，在地面产卵，一段时间后，幼蜱孵出，孵化时间因环境条件不同而异。多数幼蜱通常在8月孵出，之后非常活跃地寻找宿主，多数情况下寄生在反刍动物上。幼蜱吸血后在宿主体蜕变为若蜱，并在同一宿主继续吸血。饱血若蜱在地面蜕变为成蜱，之后等待终末宿主到来并侵袭（通常也为反刍动物）。雌蜱首先在宿主体叮咬，随后在其周围有数只雄蜱叮咬，交配之后，雌蜱受精并完成吸血，从宿主体脱落到地面。完成这一生活周期的时间因环境条件不同而有差异。通常情况下，幼蜱和若蜱在8月寄生于反刍动物和马颈部两侧的皮肤上，而成蜱则在6月寄生于相同宿主的会阴区，见图6-27。

蜱产卵和蜕变的场所通常为建筑物之外的开阔地带。

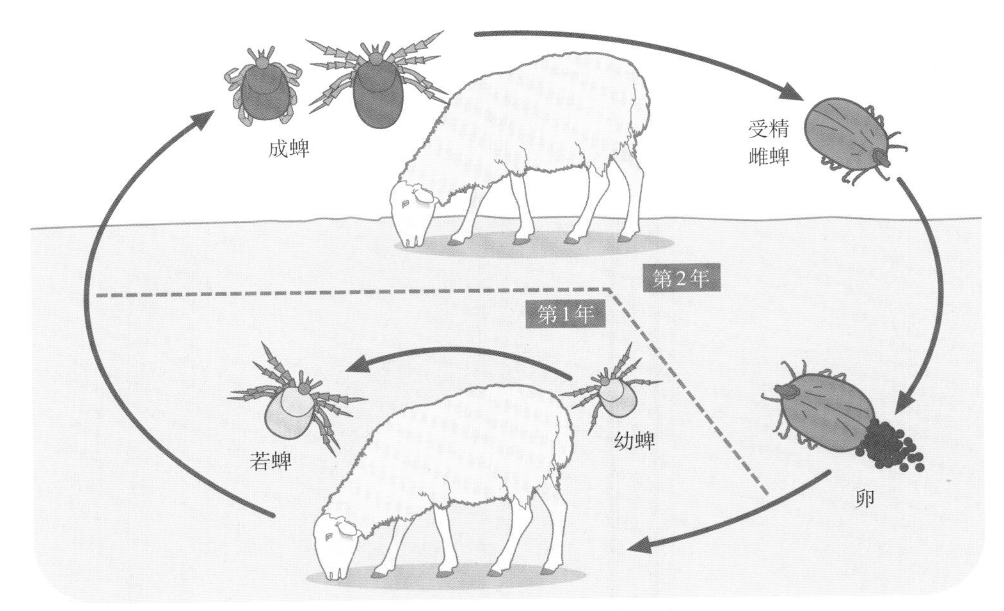

图6-27　二宿主蜱：囊形扇头蜱

真螨目（Acariformes）

疥螨（*Sarcoptes*）

寄生部位：皮下组织。对于绵羊，通常发现于头部和腿部等无被毛的部位。对于山羊，首先在头部和耳朵，之后扩散到乳房和腿部。

形态和大小：疥螨为小型螨。雌螨大小（320～440）μm×（240～358）μm，雄螨大小为220μm×160μm，呈龟形，体长略大于宽，灰白色，外覆的角质层上有细皱纹形成的小沟、三角形的鳞片和刚毛。在躯体前段的表面伸出假头基，形似扁平的锥体，较短，上有一颚基窝。肛门位于躯体的后部。生殖孔位于腹部，在雄螨靠后而雌螨居中。疥螨因其体格小，主要靠皮肤呼吸，无眼或气门。

疥螨的足互相独立，呈相反的反向排列。第一和第二对足朝前方，第三和第四对足没有超出躯体边缘，方向朝后。第一、二对足的末端的长柄上有吸盘，其他足的末端因发育阶段不同，上具吸盘或刚毛。

雄螨：第三对足的末端为一根长的刚毛，其余足的末端为一吸盘。雄螨的一个明显的鉴别特征是足基节板的融合，角质层在此增厚，腿部的运动肌穿入。而在其余发育阶段，足基节板是互相独立的（图6-28）。

雌螨：雌螨体型较大，体内可存贮大量卵。第三和第四对足的末端为一根刚毛（图6-29）。虫卵较大（160μm），椭圆形，卵壳透明，可观察到内部的胚胎。在病灶区域有大量的皮屑脱落则表明产卵和孵化正在进行。

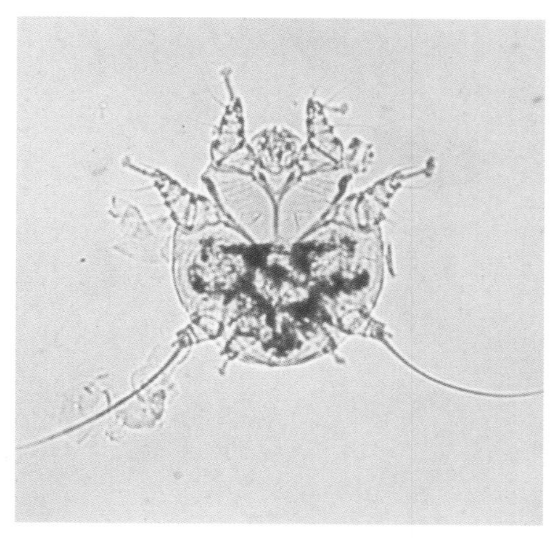

图6-28　雄性疥螨

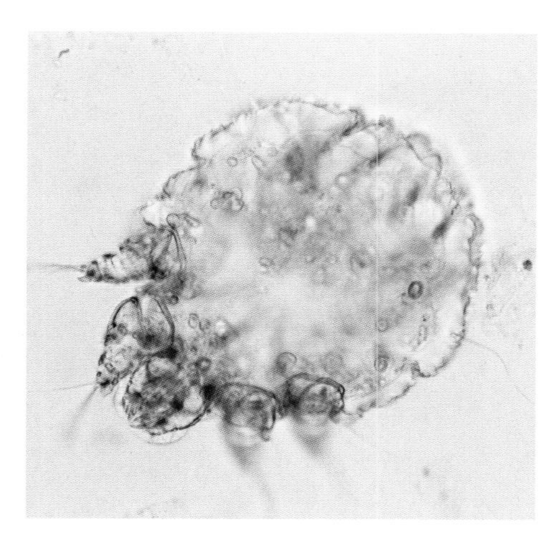

图6-29　雌性疥螨

痒螨（*Psoroptes*）

寄生部位：专性外寄生虫，生活在皮肤表面，分泌一种黏性液体、干燥后形成一个壳以保护螨自身。在绵羊体，主要发现于被毛厚密区域，尤其是腰部及躯体的两侧，而在山羊体较少见，更倾向于在外耳的内侧聚集。

形态：躯体呈卵圆形，有一圆锥形的较长的假头，足的末端有爪垫、细长并分节的吸盘柄和/或长的刚毛。

雄螨：大小为（470 ~ 640）μm×（200 ~ 400）μm。第一、二、三对足的末端有爪垫，身体尾部有两个明显突出的尾突，交配吸盘和发达的第三对足（参与辅助交配）也位于此（图6-30）。

雌螨：在后若螨期（第二个若虫期）可观察到“交配扣”，其功能是在第一次交配时应接雄螨的吸盘，在产卵期该“交配扣”逐渐消失（图6-31）。

产卵的雌螨大小为（670 ~ 850）μm×（390 ~ 550）μm，外观透明，可观察到体内的卵，在第一、二、四对足的末端有吸盘。

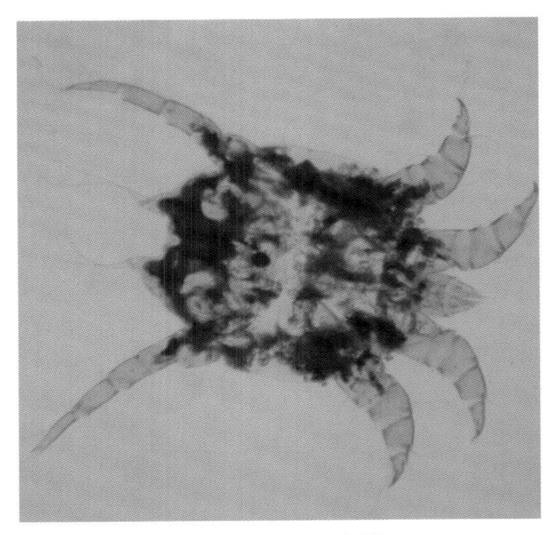
图6-30　雄性痒螨

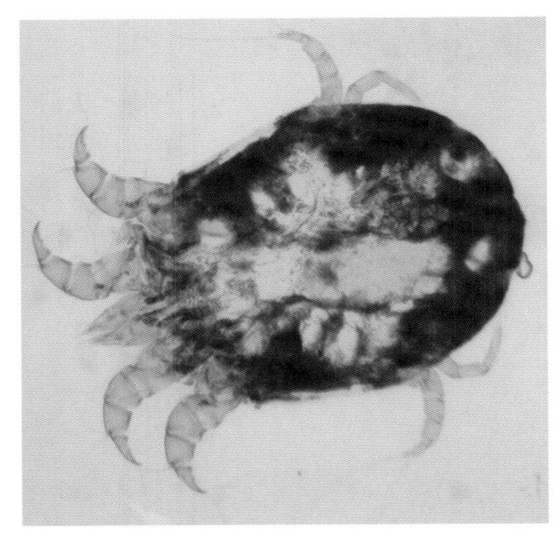
图6-31　雌性痒螨

足螨（*Chorioptes*）

寄生部位：体表。通常发现于腿部，尤其是蹄部，由此向上蔓延但不影响膝关节和肘关节。有时也可发现于腋窝、乳房、阴囊，甚至鬐甲和头部。

形态：与痒螨同属一科，有很多共同点，如身体较长等。但也有一些区别，尾突偏向椭圆，吸盘的柄短小、不分节。

雄螨：大小为（290 ~ 310）μm×（250 ~ 300）μm，每个跗节上具吸盘，第四对足不发达，生殖孔瓣（上有生殖性吸盘）上有4根长而扁平的刮刀样的刚毛（图6-32）。

雌螨：在后若螨期（第二个若虫期）可观察到“交配扣”。产卵的雌螨大小为（300 ~ 400）μm×（210 ~ 260）μm，在第三对足的末端不具吸盘（图6-32）。

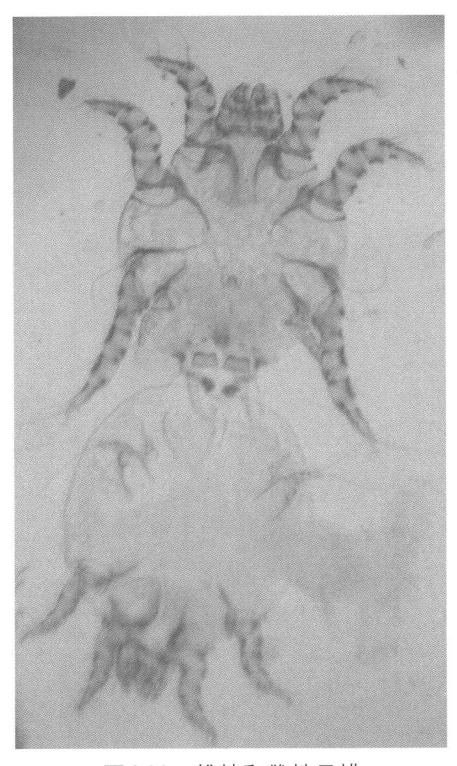
图6-32　雄性和雌性足螨

蠕形螨（*Demodex*）

寄生部位：油脂腺的内部、毛囊以及睑板腺体内。

形态：蠕形螨躯体呈蠕虫样，体表有大量的横纹，但这些横纹与虫体的分节不匹配，没有相互对应关系。假头较宽，有细针状的螯肢和互相连在一起的须肢。足不发达（图6-33），排列于躯体的前段，足的末端三节退化严重且有刚毛。

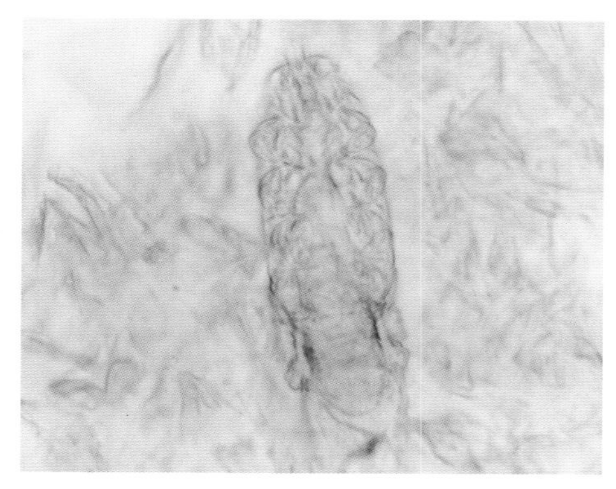

图6-33　蠕形螨的不发达足

卵为椭圆形，大小为（68 ~ 80）μm×（32 ~ 45）μm。

蠕形螨（图6-34）无性二态性，雌螨和雄螨形态相似。

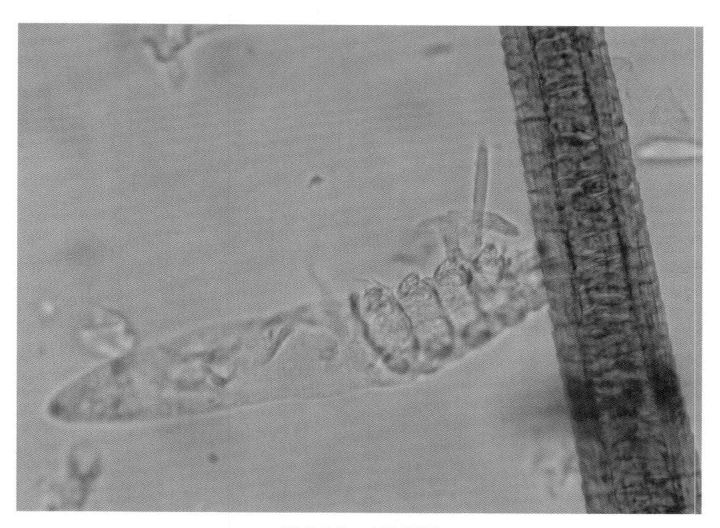

图6-34　蠕形螨

雄螨大小为（220 ~ 230）μm×（50 ~ 55）μm，在背侧的前段可观察到阴茎。

雌螨大小为（221 ~ 250）μm×（44 ~ 65）μm，山羊体寄生的虫体比绵羊体的略大，在腹面有生殖孔。

绵羊螨类的主要形态特征见图6-35。

	蠕形螨	足螨	疥螨	痒螨
外形	♂ 背面观 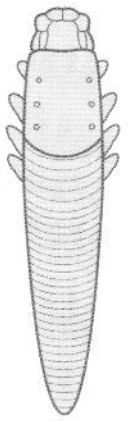 体细长，有横纹	♂ 腹面观 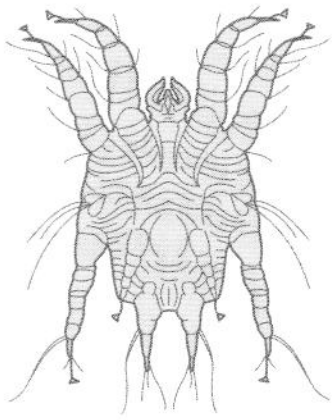 椭圆形	♀ 背面观 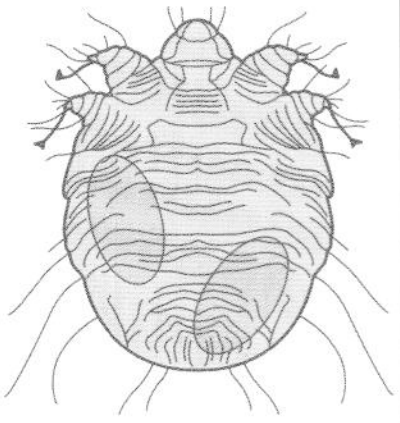 球状，革质体壁上有横纹，具刚毛、刺及三角形的鳞片	♂ 腹面观 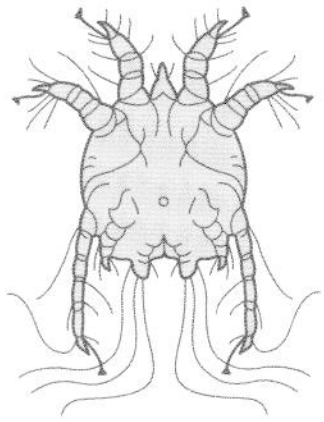 卵圆形，有很细的纹，背部无刺
头端	 非常短，与咽喉部融合	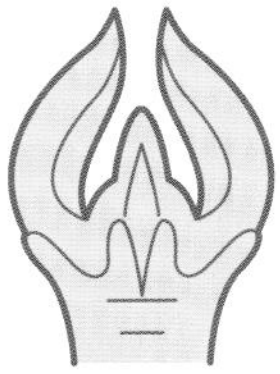 长（较痒螨略短）而圆	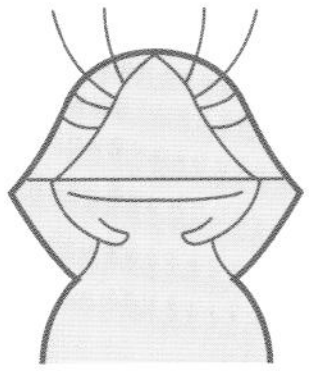 短而圆，有两根垂直的刚毛（形如马蹄铁）	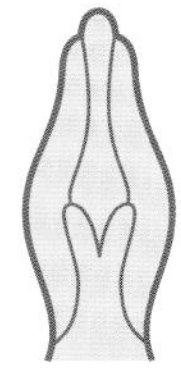 长，呈圆柱形，无垂直的刚毛
足	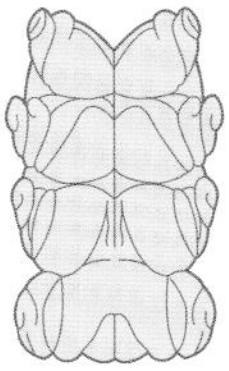 非常短，状如矮树桩	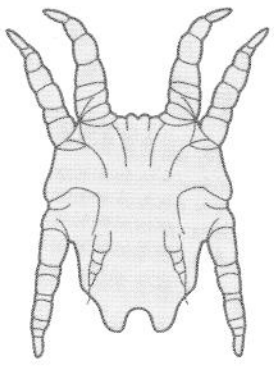 长，每只足都伸出躯体外	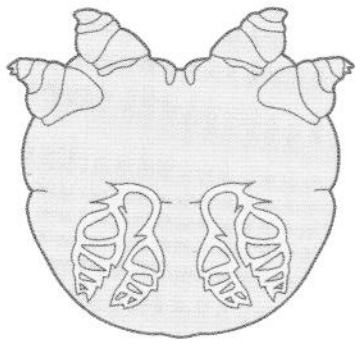 短，只有第一、二对足伸出躯体外	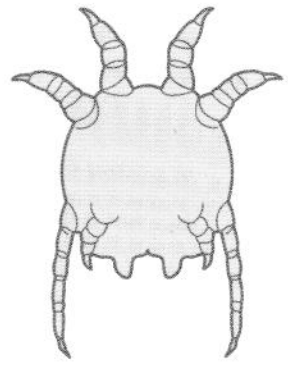 长，每只足都伸出躯体外
足末端为爪或吸盘（足末端无吸盘时具刚毛）	 爪	♀ 1, 2, 4 ♂ 1, 2, 3, 4  每对足的末端都有吸盘，吸盘柄短，不分节	♀ 1, 2 ♂ 1, 2, 4  每对足的末端都有吸盘，吸盘柄长，不分节	♀ 1, 2, 4 ♂ 1, 2, 3, 4 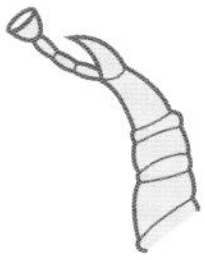 每对足的末端都有吸盘，吸盘柄长，分节

图6-35　绵羊螨类的主要形态特征

螨类鉴定的要素见图6-36。

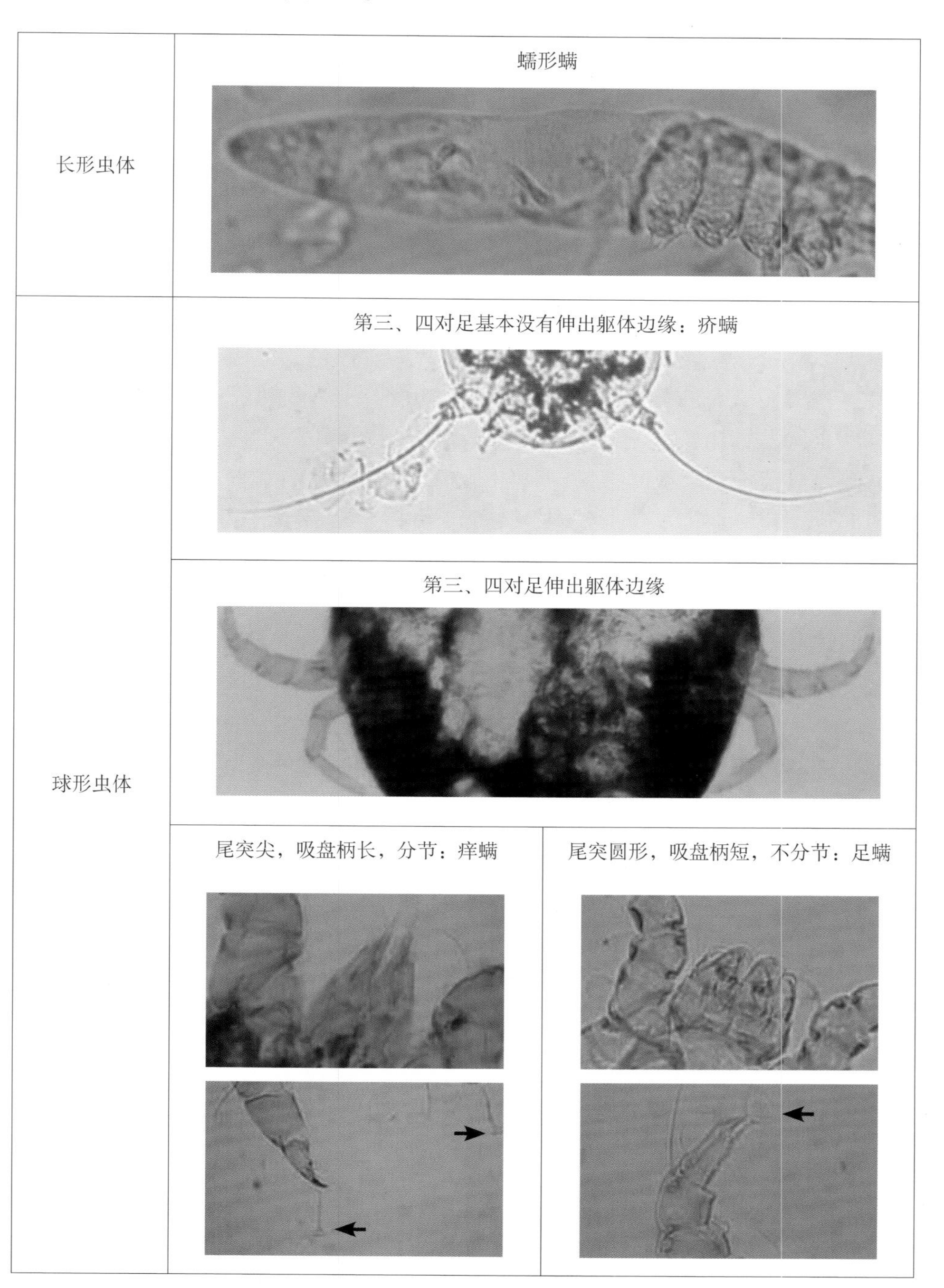

图6-36　螨类鉴定的要素

■ 寄螨目（Parasitiformes）

蜱对宿主没有特异性，只有极个别例外。人们所关注的寄生于反刍动物的蜱，实际上就是所谓的“硬蜱”。

形态学：身体分为三部分：假头基、躯体和足。

假头位于身体前段，主要功能是在宿主的皮肤上附着和固定自己的身体，包括口下板、螯肢以及在外侧的起保护作用的须肢。假头、假头基的形状和长度在蜱的分类上具有重要意义。

蜱的背部有起保护作用的盾板，雄蜱为全覆盖，雌蜱、幼蜱和若蜱为不完全覆盖。蜱的颜色通常为灰色，但也有些蜱为珍珠色或红色。幼蜱、若蜱和雌蜱没有被盾板覆盖的部分在吸血后可扩大200倍。一些蜱种的背部后侧边缘有对称的小沟，称为缘垛，当吸入大量的血液后即变得不明显。有些蜱不具眼，如具眼，一般位于盾板的边缘，具体部位是第二对足的水平位置，也是盾板最宽的部位。在腹部，可看到足的连接处，幼蜱具6只足，而若蜱和成蜱8只足，此外还有肛门、生殖孔和气门。围绕肛门的肛沟在属的鉴定上具有重要作用。在西班牙，已在反刍动物体发现了多种硬蜱（表6-1）。表6-2列出了能寄生在家畜的蜱及寄生部位、可传播的病原种类。

表6-1　小反刍动物寄生的蜱及其偏好的寄生部位

<table>
<tr><th>种类</th><th>宿主</th><th>寄生部位</th></tr>
<tr><td>边缘革蜱
（Dermancentor marginatus）</td><td>山羊（Capra hircus），比利山羊西班牙亚种（Capra pyrenaica hispanica），家羊（Ovis aries），欧洲盘羊（莫弗伦羊，Ovis musimon）</td><td>成蜱：头部、前胛部
其他阶段：面部、头部和耳部</td></tr>
<tr><td>网纹革蜱
（Dermancentor reticulatus）</td><td>山羊（Capra hircus），家羊（Ovis aries）</td><td>头、面和颈部</td></tr>
<tr><td>具沟血蜱
（Haemaphysali sulcata）</td><td>西班牙山羊（Capra hispanica），家羊（Ovis aries），欧洲盘羊（莫弗伦羊，Ovis musimon）</td><td rowspan="2">成蜱：除头部、颈部以外的身体任何部位
其他阶段：面部和颈部</td></tr>
<tr><td>刻点血蜱
（Haemaphysali punctata）</td><td>山羊（Capra hircus），西班牙山羊（Capra hispanica），家羊（Ovis aries），欧洲盘羊（莫弗伦羊，Ovis musimon）</td></tr>
<tr><td>路西璃眼蜱
（Hyalomma lusitanicum）</td><td>山羊（Capra hircus），比利山羊西班牙亚种（Capra pyrenaica hispanica），家羊（Ovis aries），欧洲盘羊（莫弗伦羊，Ovis musimon）</td><td rowspan="2">腹股沟区、乳房、阴囊、耻部和会阴的其他部位</td></tr>
<tr><td>边缘璃眼蜱
（Hyalomma marginatum）</td><td>山羊（Capra hircus），家羊（Ovis aries）</td></tr>
</table>

（续）

种类	宿主	寄生部位
蓖子硬蜱（*Ixodes ricinus*）	山羊（*Capra hircus*），比利山羊西班牙亚种（*Capra pyrenaica hispanica*），家羊（*Ovis aries*），欧洲盘羊（莫弗伦羊，*Ovis musimon*）	成蜱：腹股沟区、四肢内表面 其他阶段：头面部
囊形扇头蜱（*Rhipicephalus bursa*）	山羊（*Capra hircus*），西班牙山羊（*Capra hispanica*），家羊（*Ovis aries*），欧洲盘羊（莫弗伦羊，*Ovis musimon*）	成蜱：耻部和会阴区 其他阶段：颈部、前胛部、背部、四肢内表面

表6-2　小反刍动物寄生的蜱及其传播的病原

蜱属	传播的病原
硬蜱属（*Ixodes*）	嗜巨噬细胞乏质体（*Anaplasma phagocytophilum*），伯氏疏螺旋体（*Borrelia burgdorferi*），蜱传脑炎病毒（TBE virus）
血蜱属（*Haemaphysali*）	莫氏巴贝斯虫（*Babesia motasi*）
革蜱属（*Dermancentor*）	贝氏柯克斯体（*Coxiella burnetii*），斯洛伐克立克次氏体（*Rickettsia slovaca*），土拉弗朗西斯菌（*Francisella tularensis*）
璃眼蜱属（*Hyalomma*）	莱氏泰勒虫（*Theileria lestoquardi*），贝氏柯克斯体（*Coxiella burnetii*）
扇头蜱属（*Rhipicephalus*）	绵羊巴贝斯虫（*Babesia ovis*），绵羊泰勒虫（*Theileria ovis*），绵羊乏质体（*Anapalsma ovis*），羊附红细胞体（*Eperythrozoon ovis*）

图6-37展示了蜱发育的不同阶段。

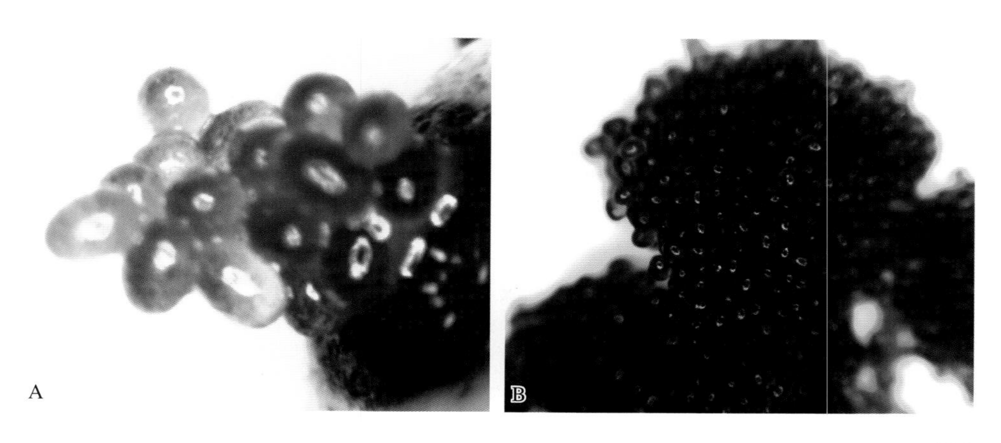

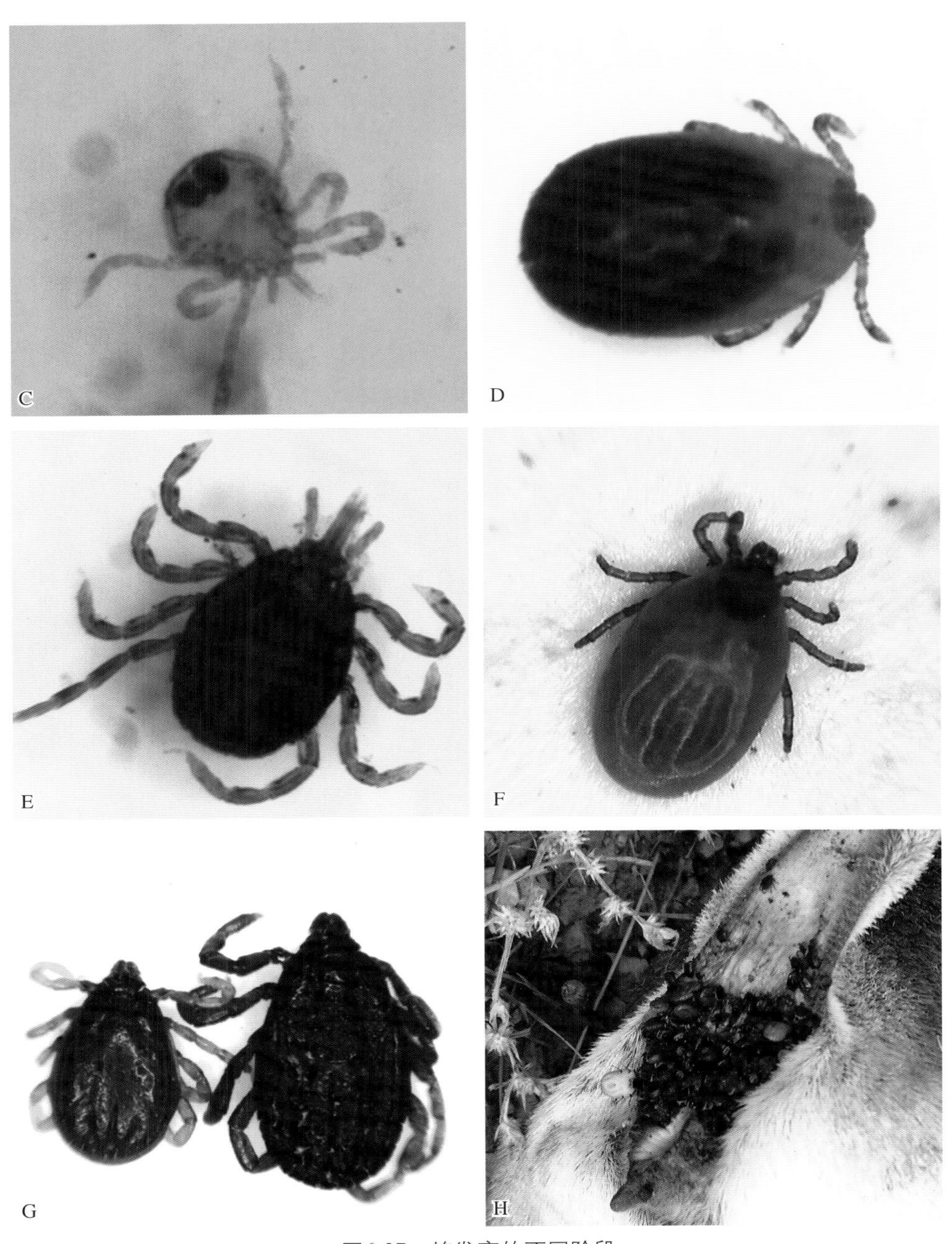

图6-37　蜱发育的不同阶段

A.产卵的雌蜱　B.卵　C.饥饿幼蜱　D.饱血幼蜱（已开始蜕皮）
E.饥饿若蜱　F.饱血若蜱　G.雄蜱和雌蜱　H.肛门周围寄生的蜱

硬蜱（*Ixodes*，图6-38至图6-40）。

图6-38　饥饿的硬蜱幼蜱（腹面观）

图6-39　饱血雌性硬蜱（背面观）

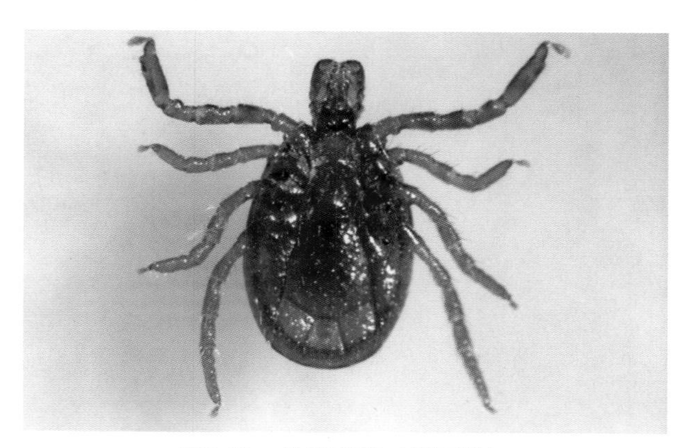

图6-40　雄性硬蜱（腹面观）

血蜱（*Haemaphysalis*，图6-41至图6-44）。

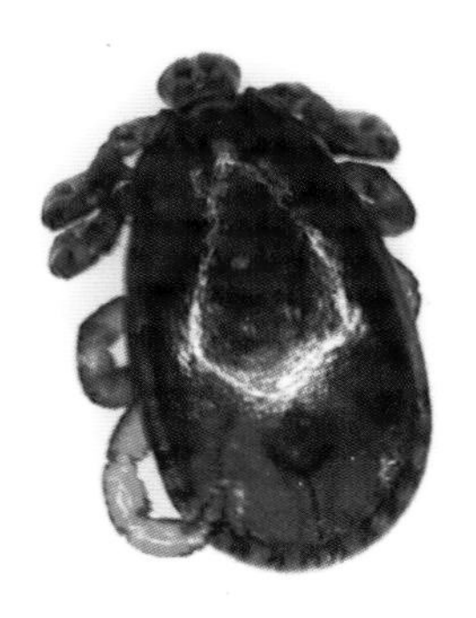

图6-41　雄性血蜱（腹面观）

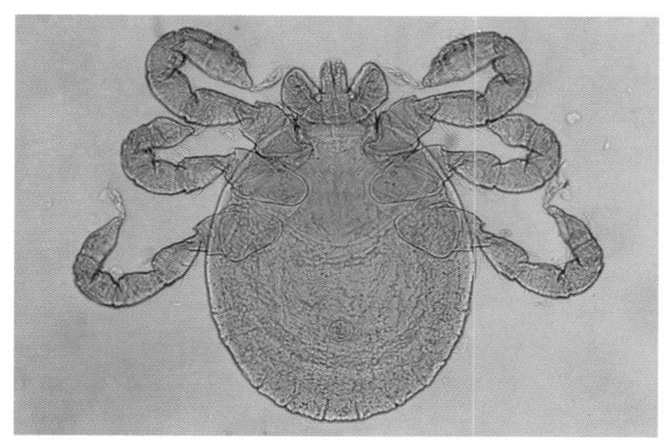

图6-42　半饱血幼蜱（腹面观）

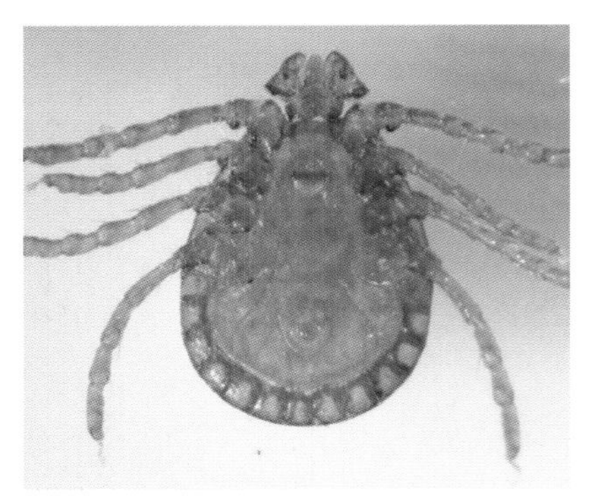

图6-43　饥饿的雌性血蜱（背面观）

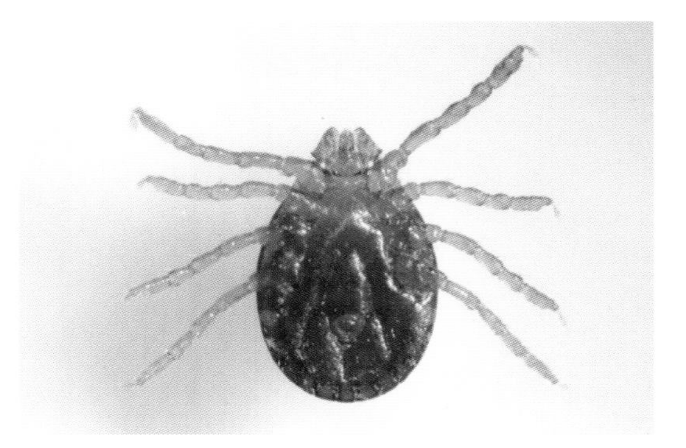

图6-44　饥饿的血蜱若蜱（腹面观）

革蜱（*Dermacentor*，图6-45至图6-47）。

图6-45　产卵的革蜱

图6-46　雄性革蜱（背面观）

图6-47　饥饿的雌性革蜱（背面观）

璃眼蜱（*Hyalomma*，图6-48至图6-51）。

图6-48　雄性璃眼蜱（背面观）

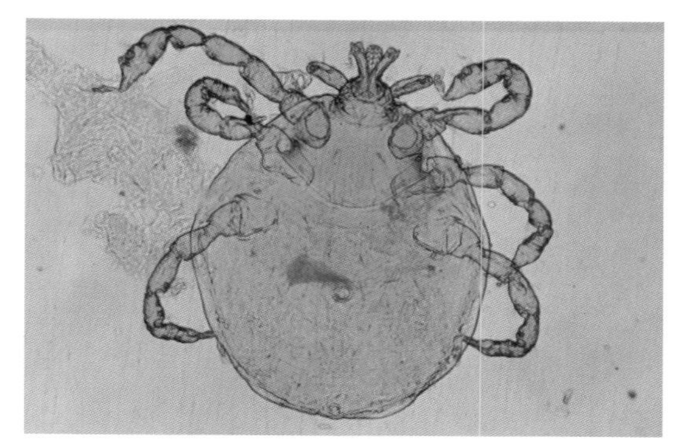
图6-49　半饱血的璃眼蜱幼蜱（腹面观）

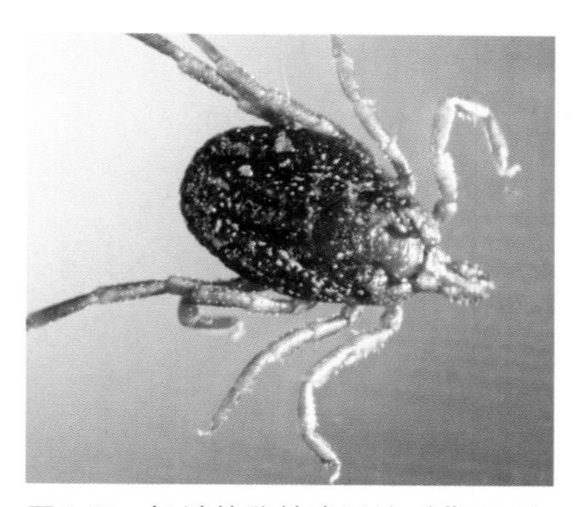
图6-50　饥饿的雌性璃眼蜱（背面观）

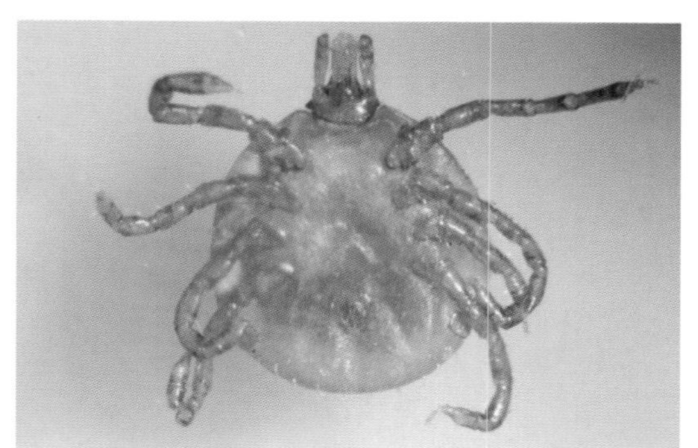
图6-51　饥饿的璃眼蜱若蜱（腹面观）

扇头蜱（*Rhipicephalus*，图6-52至图6-55）。

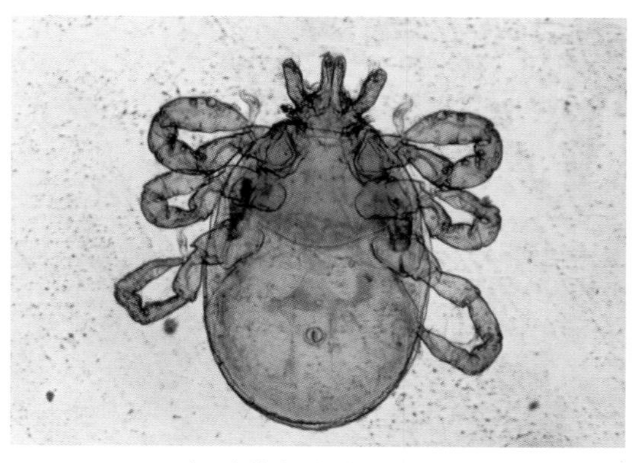
图6-52　饥饿的扇头蜱幼蜱（腹面观）

图6-53　雄性扇头蜱（背面观）

图6-54　饥饿的雌性扇头蜱（背面观）

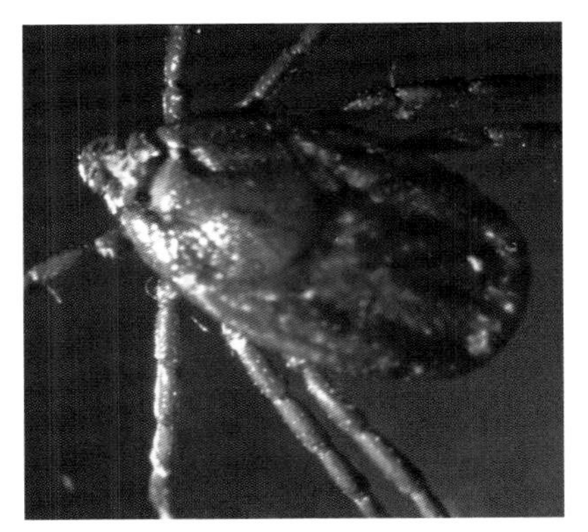

图6-55　饥饿的扇头蜱若蜱（背面观）

西班牙常见的蜱属见图6-56至图5-59。

图6-56　硬蜱属：肛沟围绕在肛门之前

图6-57　璃眼蜱属：假头大，眼突出如大头针帽

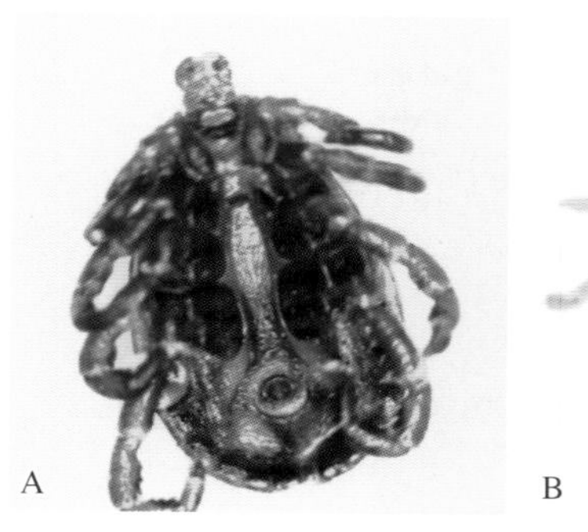

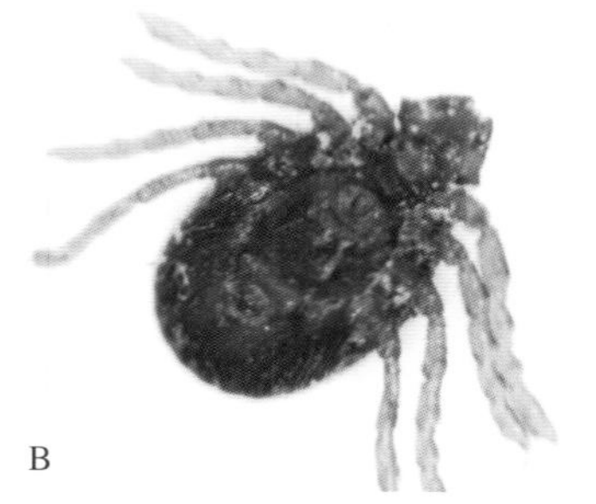

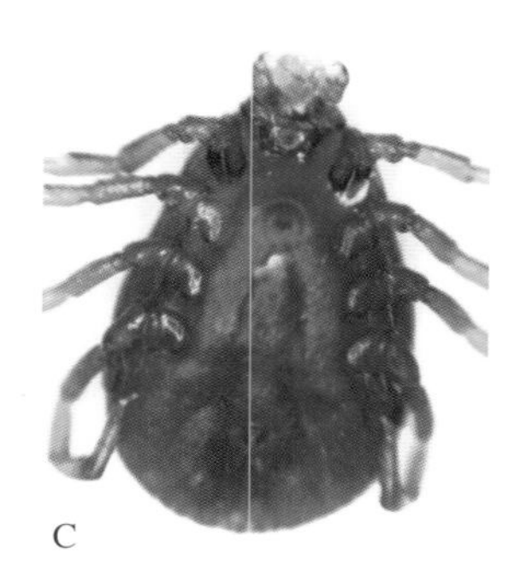

图6-58　肛沟围绕在肛门之后的蜱属

A.革蜱属　B.血蜱属　C.扇头蜱属

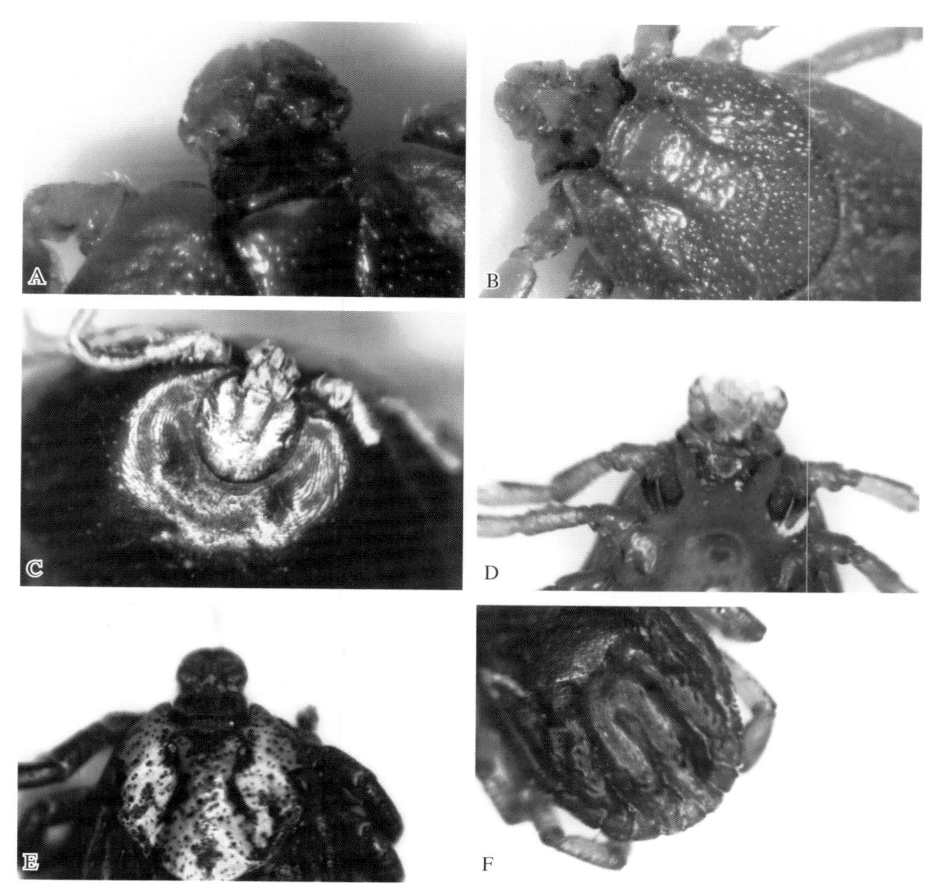

图6-59　假头短（有眼或无眼）的蜱属

A.假头基四边形　B.扇头蜱属：假头基六边形，须肢为三角形
C.血蜱属：须肢为三角形，假头基伸出，无眼　D.第一基节距裂明显
E.革蜱属：须肢短粗，有眼　F.盾板无色，有缘垛

参 考 文 献*

BOCH, J., SUPPERER, R. *Parasitología en medicina veterinaria*. Ed. Hemisferio Sur, 1982.

BORCHERT, A. *Parasitología Veterinaria*. Ed. Acribia. Zaragoza, 1975.

BOWMAN, D. D., LYNN, R. C., EBERHARD, M. L. *Parasitología para veterinarios*. 8ª Edición. Ed. Elsevier España, S.A. 2004.

CORDERO DEL CAMPILLO M., ROJOVÁZQUEZ, F.A. et al. *Parasitología Veterinaria*. Ed. McGraw-Hill Interamericana, Madrid, 1999.

CORDERO DEL CAMPILLO, M & ROJOVÁZQUEZ, FA. *Parasitología general*. Ed. McGraw-Hill Interamericana. Madrid. 2006.

DUNN, A. M. *HelmintologíaVeterinaria*. Ed. Manual Moderno, S.A. de C.V., México D.F., 1983.

GÁLLEGO BERENGUER, J. *Manual de parasitología:morfología y biología de los parásitos*. Ed. Universitat de Barcelona, 2007.

GARCÍA ROMERO, C., VALCÁRCEL, F. Diagnóstico laboratorial de las principales endoparasitosis de la oveja. *Ovis*, 2000, nº70.

HENDRIX CM. *Diagnóstico parasitológico veterinario*. Ed. Harcourt Brace, 1999.

KASSAI, T. *Helmintologia veterinaria*. Ed. Acribía, Zaragoza, 2002.

KAUFFMANN, J. *Parasitic infections of domestic animals*. BirkaüserVerlag, Basel, 1996.

MAFF. *Manual de técnicas de Parasitología veterinaria*. Ed. Acribia, Zaragoza, 1983.

MARTÍN MATEO, M.P.Manual de recolección y preparación de ectoparásitos (Malófagos, Anopluros, Siphonapteros y Ácaros). Manuales Técnicos de Museología.Vol. 3. Museo Nacional de Ciencias Naturales - CSIC, Madrid. 1994.

MEANA, A., CALVO, E., ROJOVÁZQUEZ, F.A. *Parásitos internos de la oveja en pastoreo*. Ed. Schering PloughAnimal Health. 2000.

MEHLHORN, H., DÜWEL, D., RAETHER, W. *Atlas de Parasitología veterinaria*. Grass Ediciones, 1992.

NAVARRETE, *I.et al. Guía práctica de Parasitología y enfermedades parasitarias*. Ed. Esteve Veterinaria, Serie Temas de Veterinaria, 1997.

* 本书参考文献按照原版书的参考文献格式编排。